高等教育艺术设计专业规划教材

Design Effect Drawings of Interior and Exterior
(The 2nd edition)

室内外设计表现效果图
(第2版)

吕在利　李　军　隋　震　主编

中国轻工业出版社

图书在版编目（CIP）数据

室内外设计表现效果图 / 吕在利，李军，隋震主编. —第2版. —北京：中国轻工业出版社，2023.8
全国高等教育艺术设计专业规划教材
ISBN 978-7-5184-1622-6

Ⅰ. ①室… Ⅱ. ①吕… ②李… ③隋… Ⅲ. ①建筑设计—绘图技法—高等学校—教材 Ⅳ. ①TU204.118

中国版本图书馆CIP数据核字（2017）第228533号

责任编辑：王　淳　　责任终审：孟寿萱　　封面设计：锋尚设计
版式设计：锋尚设计　　责任校对：吴大朋　　责任监印：张　可

出版发行：中国轻工业出版社（北京东长安街6号，邮编：100740）
印　　刷：艺堂印刷（天津）有限公司
经　　销：各地新华书店
版　　次：2023年8月第2版第2次印刷
开　　本：889×1194　1/16　印张：7
字　　数：220千字
书　　号：ISBN 978-7-5184-1622-6　定价：42.00元
邮购电话：010-65241695
发行电话：010-85119835　传真：85113293
网　　址：http://www.chlip.com.cn
Email：club@chlip.com.cn
如发现图书残缺请与我社邮购联系调换
231202J1C202ZBW

前言
PREFACE

室内外设计是一门科学技术和艺术美学相结合的跨专业综合学科，涵盖建筑学、物理学、民俗学、社会学、心理学、结构学、材料学等，而一个成功的方案设计往往源于设计师一次灵感的闪现，并要经过多次修改才能产生，而捕捉灵感并记录在纸上的任务正是由表现效果图完成的。表现效果图是设计师进行创意思维和表现的工具，也是对一名优秀从业者基本的素质要求。在建筑、室内外及景观设计中所包含的形态、结构、色彩、材料、尺度及空间功能，都必须依靠视觉化的媒介进行展示，以便个人或同行之间进行交流、推敲和完善，而表现效果图与模型、视频等形式相比，具有制作方便、迅速、表现力强的优点，因而被设计师广泛使用。表现效果图主要包含方案草图和施工前的设计项目虚拟完成图，而建筑大师往往采用方案草图来展现创意，如约瑟夫·帕克斯顿设计的伦敦水晶宫、现代派大师赖特设计的流水别墅、柯布西耶设计的朗香教堂、解构派大师弗兰克·盖里设计的西班牙古根海姆博物馆，都娴熟地运用了这种形式，并取得了令世界瞩目的成绩。

《室内外设计表现效果图》（第 2 版）一书在前期版本的基础上进行了结构性调整，增加了第五章“单体及组合练习”，便于学生由简入繁，逐步掌握表现效果图的造型规律；将“配景”从第九章“手绘表现效果图常用技法”中摘取出来并独立成章，以加强该部分内容的分量；在二维码课件中有第十二章“优秀表现效果图欣赏”中增加实际工程草图，通过介绍建筑装饰公司手绘方案，强调效果图的创作原则：“表现应立足于设计，而非技法本身，”有助于学生确立正确的审美标准。另外本书更换了各章节中大部分图片，以突出时效性。并汲取当代表现效果图创作理念并加以整合，课程理论联系实战案例，对提高大学生效果图表现的综合能力大有裨益。作者均来自齐鲁工业大学教学一线，本书既是对表现效果图技法的课程总结，也是我们对从事环境设计教育 20 余年的汇报。附图资料来源广泛，在收集过程中有的作者难以联系，谨在此表示歉意和衷心的感谢。

编者

2017 年 8 月

目录 CONTENTS

1

第一章

室内外设计与表现效果图

第一节 表现效果图及其技法

一、手绘表现效果图及其技法

表现效果图是在设计方案完成之后对设计中诸多因素所组成的形象的一种表述形式，是设计方案表述的必要组成部分。它是由准确的透视图和高度概括的绘画技巧相结合而成。其特点是将设计者设计构思的四维空间的形体（三度空间 + 时间 = 四度空间）转换成具有二度空间的画面。表现效果图的根本作用是设计深化的促进和设计成果的最终表现（图1-1）。

表现效果图技法是通过画面或图形来表达室内外设计思想和设计概念的视觉传递技术。表现效果图的绘制技法要求对绘制内容的比例、尺度、体量关系、外形轮廓、虚实关系、空间构想、风格色彩、材料质感等方面都进行严格表达，它是科学性与艺术性紧密结合的艺术技法。

随着表现技法专业性的不断发展和加强，表现效果图已成为一个全新独立的领域，很多的设计师或艺术设计专业的毕业生专门从事表现效果图的绘制工作，从事技法方面的研究，涌现出一批名家大师，如陈红卫、杨健、夏克梁等，有力地促进了环境设计专业在我国的发展。

图1-1 效果图最终表现

二、手绘表现效果图与计算机表现效果图

20世纪90年代初，由于科学技术的进步与发展，以计算机辅助设计为代表的高科技手段开始涉足表现效果图领域。计算机表现效果图能准确、具体、真实地展示室内外空间部位的设计效果，具备强大的模拟现实的能力，可以全方位多角度地展现设计构思，同时计算机设计具有的漫游功能，可以让甲方在动态的三维场景中进行用户体验。另外计算机表现效果图的后期存储、网络传输、打印出图也非常方便，因而受到广大设计人员和业主的青睐，并得到了迅速的应用与普及。

图1-2　室内办公效果图　孔祥羽

计算机设计效果图尽管有很多的优势，但在作品表现上存在模式化、雷同化的问题，与现代设计中越来越注重艺术风格的个性化、多样化，注重人情味的表现不相符合。

计算机设计效果图与手绘效果图相比，由于作者大都在同一个软件平台上通过程序完成设计，单体模型与贴图纹理的来源基本一致（通过网上或购买图库获得），因而在最终的风格表现上显得单一、乏味。而手绘表现效果图因为直接由作者手绘操作，在表现形式、色彩运用、技法选择等方面与电脑软件相比更具有灵活性，能更好地体现出作者不同的审美风格，在手绘过程中作者往往有一些随意性的表现，这是电脑设计效果图所不能达到的，而对稍纵即逝的设计灵感闪现的捕捉，寥寥数笔便能概括物体形态与创意思维的能力，更是计算机设计效果图望尘莫及的。

从今后表现效果图的发展来看，计算机设计软件肯定会不断地得到开发，并不断解决各种不足之处，而手绘表现效果图的技法、工具、材料也在不断地推陈出新。因此，鉴于二者各有特点，因而可使其互相借鉴、结合，突出各自的优势，通过各种绘制技法的合理运用,使表现效果图更加准确、生动富有艺术感染力，更好地为设计和工程的实施服务（图1-2）。

第二节　表现效果图在室内外环境艺术设计中的特点与作用

一、室内外环境艺术设计的特点

室内外环境艺术设计主要是指空间环境的规划和艺术构想方面的综合内容。其中主要包括环境与设施、空间与装饰、造型与构造、色彩与材质、环保与可持续发展等各方面的计划与实施方案的设想。

室内外环境艺术设计是一个综合、具体、系统而复杂的专业，它涉及的学科很多，既包括必需的专业知识，如美学、艺术、技术、人体工学、材料、结构、透视和绘图等，又包括相关的社会知识，如心理学、市场学、时尚、民俗等。要完成一项好的设计方案，则要求设计者必须融知识、能力、实践于一身，同时具备丰富的综合知识、学习与创新的精神、分析判断的能力、敏锐清晰的思维、高层次的艺术鉴赏力，以及丰富的实践经验。

二、表现效果图及其技法的作用

设计从构思到转变成现实存在是一个系统的过程，而且通常是一个曲折前进的不断完善的过程。在这一过程中，技法精湛的表现效果图发挥着重要的作用，它需将设计内容的所有信息表达出来，成为设计师个人思想及其他相关人员思想的联系纽带，直至升华为现实存在。

1. 以科学、具体、直观、真实的艺术形式展现设计方案

在设计过程的前期阶段，设计师主要以构思草图、平面图、立面图以及部分简单的剖面图的形式，对空间环境中的各种内容进行方案设计。而设计是一个为社会和他人服务的行为，其行为的结果要让他人能够了解，最终接受。因而，在最终的设计方案实施之前，需要通过一个直观的形式展现设计的最终效果。

表现效果图可以通过纯熟的技法将设计师所设计项目的具体形象，包括空间划分、形体结构、风格形式、比例尺度、色彩搭配、材料选用及陈设安置等信息完整而详尽地表达出来，以得到预期空间环境的直观感受，从而成为委托方评价、判断设计方案的依据。

2. 有助于设计方案的深化和完善

每一件优秀设计作品，从最初的理念形成、风格定位到空间的布局、材质选择，从色彩搭配、形态构思，再到装饰形式的形象组织、尺度推敲，乃至线角装饰、陈设点缀等，都经历了环环相扣的推进阶段和缜密的思考过程。完善的过程，往往是在推敲、对比的状态下进行，并不都是一气呵成的，仅凭脑海中抽象的信息累积很容易造成混乱，甚至是信息流失，不利于设计方案的深入和完善。

利用绘制表现效果图这种方式，可以将设计过程中每一阶段思维的成果记录下来，既能够及时收集信息，又可以形成直观的思维再现，便于分析、比对、调整及深化，对检测和推进设计方案中的各种因素确立起着重要的作用。

3. 是传达设计信息并进行交流的主要手段

在环境艺术设计工作中，系统的大型设计项目，往往需要依靠集体的创作力量才能够顺利完成。一项系统的工程，除因为特殊的需要，而进行个性设计之外，其绝大部分空间，需要统一的风格定位。对格调共同的诠释固然能为设计的统一性奠定良好的基础，而由于每一位设计师都有一定的思维定式，分工合作下的构思、设计风格能否达到真正的浑然一体，将是一个很严肃的问题。

各种构思设想通过绘制表现效果图的形式表现出来，对于设计的了解和沟通就变得直观、快捷，既便于设计组成员深化格调理解，达成统一认识，又能够起到相互吸收、融会贯通的作用。

4. 对设计方案的体现有决定性的作用

一个设计方案的优劣首先在于它的内容，包括整体的运筹和细节的组织。

图1-3　效果图表现　杨冬

其次，再优秀的设计方案，如果只是设计者个人“心知肚明”，而不能被受用者所了解，那也只能永远成为一个“方案”而已；同样，如果方案表现不利，不能通过高水平、高质量的表现效果图将其客观、真实地表达出来，那么设计效果则会大打折扣，不能被人所理解和采纳。因而，熟练地掌握效果图表现技法对一个设计师来说，是非常重要的（图1-3）。

环境设计的风格可以通过简单的形式或符号来表现，空间的结构可以通过完整的的形体变化来体现。形象色彩、材质运用也可以通过简单的饰色和运笔展示出来，而这些只塑造了空间的“形”，表现图的更高要求是彰显空间的“神”的层面，只有情趣、氛围这种精神层面的要素充分展现出来，才能够令设计者与甲方产生心灵的碰撞，使其领略设计的精髓。而“神形兼备”体现了绘制者娴熟的技法与创作理念的完美结合。

第三节　表现效果图的限定性条件

绘制室内外设计表现效果图的最终目的是为了展示设计方案，而设计方案是以一定的实际空间为基础进行设计构思的，设计的各项内容都要具有合理性和可行性，这也就决定了表现效果图的绘制必须遵循一定的原则，要在这些原则或条件的限定下严谨地表现设计方案。

一、尺度与比例

尺度与比例规范了所表现的空间范围和物体间的合理关系，严格地按照尺度和比例绘制就会塑造出与设计方案相吻合的真实空间效果，否则就不可能获得正确的透视关系，进而无法准确表达设计方案。

图1-4 采用冷暖、光影表现效果图

二、采光与布光

光是表现效果图绘制中必然涉及的问题，光的实际作用是它的照明功能，而表现图中的光影效果主要是调节色调和营造气氛。

光分为自然光源和人造光源，在绘制表现图时以哪一种光源为主导都可以，在遵守设计方案的前提下，可根据设计的风格适度夸大或消减光的作用以突出设计烘托气氛，也可通过冷暖、光影变化的处理来产生需要的艺术效果（图1-4）。

三、材质与质感

各种材料的质感千差万别，而色彩和质地是每一种材料都具有的两种基本属性。不同质地、不同色彩的材质进行综合应用，组成了各种各样的艺术氛围。在表现效果图的绘制上材质是体现设计表现是否具体真实的主要考察项目之一。

第四节 表现效果图的绘制要求

掌握好表现效果图的技法是表达室内外环境设计的重要环节，从展开构思到完成设计，表现效果图及其技法贯穿于整个设计过程，说到底，学习表现图技法的最终目的，还是为了辅助设计师将其设计方案以准确、客观、真实、艺术的效果表达出来，使设计师能以直观真实的图像语言向委托方解释、说明自己的设计方案，通过艺术的处理手法，辅助设计师将其设计方案的艺术性、商业性、社会性结合起来，配合其它设计形式，通过审批，使设计方案能够得以顺利实施。如果绘制表现效果图没有达到这些目的，这些表现效果图也就失去了存在的意义和价值。

绘制表现效果图要努力做到以下几点。

一、确保信息传达的准确性、真实性

遵循设计方案、有效传达设计信息，是绘制表现效果图的基本原则。信息传递的偏差，一方面可能会影响设计的表现效果，另一方面可能会造成观者的误解，所以效果图要能够清晰、准确、真实地表达形体、空间、比例、色彩、陈设及材料的设计与应用，以便于形成对方案系统、全面的认识。对不同设计、不同风格、不同追求的设计内容，应做到有突出的表现重点，但又要以保障整体效果为前提。为便于委托方和欣赏者的理解，必须用适宜的方式进行图解。

（a）李军

（b）

图1-5　室内效果图绘制

二、强调艺术性与通俗性相结合

表现效果图与纯绘画的表现方法有很大的差异。绘画是一种纯粹的艺术行为，可以是完全凸显个性化，它强调意念的表达，有很强的艺术性和主观随意性。而表现效果图的绘制则不同，它以严格的尺度、准确的位置和比例为依据，是一种在方案的“约束”下进行艺术表达，讲究科学的工艺及制作。在写实表现的前提下做适度合理的夸张削弱，来充分体现设计的艺术效果。

学习表现图技法是为了科学、艺术地绘制表现效果图，表现效果图最终的接受者是委托方和大众，所以表现效果图应具有较强的通俗性，符合大众的审美趣味。表现效果图的绘制须把个性和大众审美相结合，既不能过分强调欣赏性和个性，也不能落入俗套；既要体现出绘图者良好的艺术素养和纯熟的绘图技法，又要把握大众审美所能达到的程度（图1-5、图1-6）。

图1-6　室外效果图绘制

三、注重意在笔先

表现效果图绘制要强调意在笔先，动手绘画前脑海中要先有画面整体效果的构思意图，有较为具体的空间环境、实际造型及色彩形象的规划。在表现方式上，采用哪一种表现方法、运用哪一种透视形式、选择什么样的绘图比例，在绘制上突出和弱化哪些部位都要在动笔前进行筹划，做到心中有数，同时也应注意灵感的运用和发挥。

第五节　表现效果图的技法学习与艺术修养

从事各项艺术工作都必须具备良好而全面的艺术修养，学习表现效果图技法也不例外，艺术修养的程度决定着设计作品的品位与层次。学习表现效果图及其技法要求加强各方面艺术修养的培养，这是因为成功的表现效果图，在技法运用、画面构图、空间形态、风格色彩、笔触气韵、秩序与节奏、整体与局部、感性与理性的运用和处理上，都体现出作者艺术修养的层次与境界。人的艺术修养主要是在后天的学习、生活中积累形成的，它与个人的兴趣、所处的环境、所受的教育有很大的关系，与个人的创造能力也有很大的关联。同等智商的人用同样的时间，学习同样的内容，会产生不同的成果。学习设计者除了各自的天分，后天艺术修养的积累也起着很大的作用，艺术修养全面、起点高、创造力强的人，其品位、层次自然就高。

艺术修养还具体体现在对素描、色彩、形式、技法等方面的理解和运用上，也体现出绘制者的审美情趣，可以说一幅表现效果图是绘制者的技法水平和整体艺术修养的直接体现。所以加强艺术方面的修养是必要的。而要充分提高艺术修养的水平，仅靠艺术设计方面的学习与研究是不充分的，还必须通过对其他艺术的学习与借鉴，要在文学、历史、哲学、诗、书、画、音乐、戏剧等方面吸收各方面的营养，要在大自然中感悟，艺术氛围的熏陶会令人在不知不觉、潜移默化中提高自己的艺术修养。提高认识美、发现美、创造美的能力，不是一朝一夕的事，而是一种长期的磨砺和不断的积累（图1-7）。

图1-7　建筑透视图方案

第六节　表现效果图及其技法的学习方法

掌握和运用良好的学习方法，把握学习的基本规律，是取得学习表现效果图技法事半功倍效果的有效途径。以下是关于学习效果图手绘技法需要注意的几个方面。

一、从临摹入手循序渐进

临摹是初学者学习表现图技法必须经过的途径，临摹阶段要由浅入深，从简单到复杂，从感性到理性有序地进行。应该正确认识临摹，不能只是简单地把临摹当作是一个量的积累过程和单纯的仿效行为。临摹的时候，要对每一幅范画都做认真的分析，既要搞明白画面效果的总体意图，又要分析作品的每一个细节，对临摹作品作全面地分析,好在什么地方，错在什么地方，要有清醒的认识。

大胆尝试各种风格、各种技法的临摹训练是必要和有效的，不同风格的训练并不仅仅是寻找能适合自己的画风，更重要的是可以更全面地了解、深刻地认识各种技法，通过对设计意图在不同表现风格下运用的感知与理解，来了解和掌握用笔、用色的方法与调制，以融会贯通逐渐加强对表现效果图的认识和综合技法的掌握。当已经熟练掌握临摹的步骤并掌握了一定的技法之后，应逐渐对临摹作品的风格进行选择，培养一定的发展方向，找到适合自己的表现效果图技法。

二、加强程式化训练与默写能力的训练

经过一段时间、一定数量的临摹过程，对表现效果图及其技法的掌握有了一定的基础，然后就要有针对性地去解决问题，进行一定数量的专项训练。一方面可以对临摹作品进行默写训练，另一方面可以对一些程式化的表现方法加大训练力度，比如玻璃、石材、木材、镜面、不锈钢、器物、植物、人物等进行强化式的技法训练，以加强对质感表达和笔法的熟练掌握，争取以简单快捷的方式方法进行较为充实完善的表达。

三、加强创作性训练

创作是检验临摹和默写能力训练效果以及检验自己设计能力最有效的方法。在创作训练的过程中，首先可以看到空间的整体布局以及形态结构的合理性与美感，也能够看到笔触组织、色彩变化、质感表现等绘图技法的体现。在创作训练中要注意画面整体气氛的营造，要以局部服从整体的原则为依据，注意局部刻画与整体关系的协调，要注意色彩面积之间的搭配关系和相互协调之间的关系，把握好画面的韵律节奏，最终使画面生动、形象、逼真地表达创作意图。

四、勤奋学习和善于学习

了解和掌握良好有效的学习方法是一个重要的途径，学习掌握知识，勤奋学习和善于学习是有效的保障。只有培养自己的学习热情，善于学习、勤奋学习，才能提高自己的综合表达能力。善于学习会使你经常揣摩问题，琢磨其中的规律和奥妙，表现效果图技法的掌握关键在于勤奋学习,要多画、多看、多想。多画可以提高技法熟练程度和把握画面的能力，能够深入刻画具体事物；多看优秀作品可以提高修养、提高品位，有机会吸收别人的优点；多想可以更充分的认识问题，使感性升华到理性，再由理性回到感性，从而提高自己的认知能力，对于别人的好经验，在学习中不断熟悉、掌握。上述方法是不断提高自己各方面水平的最有效方法，而光说不练的态度解决不了问题，也不会提高自己的水平和能力（图1-8）。

补充要点

适当临摹优秀作品有助于提高对手绘效果图的认识和技艺。作为从教多年的工作的教师提倡学生用大量的时间和精力去体验临摹传统名家大作，这样有助于提升绘图水平，有助于提升对作品的意境和内涵的理解。

图1-8　水粉　李炳训

思考练习题

1. 什么是表现效果图？
2. 手绘表现效果图与计算机表现效果图各自有哪些特点？
3. 绘制表现效果图对完善设计方案有何作用？
4. 对表现效果图的作用和其绘制要求进行分析。
5. 理解表现效果图的限定条件。
6. 学习表现效果图应注意哪几个方面？

2

第二章

表现效果图技法的基础内容

构成表现效果图的基础内容很多，主要有透视、素描、速写、色彩等，这些都是学习表现效果图必须具备的基础知识。全面扎实的基础训练是绘制好表现效果图的先决条件，没有扎实的基础训练就不可能绘制出成功的表现效果图。环境设计表现效果图技法的基础训练要结合环境设计专业的性质而进行。

（1）学习透视，可以得到所要设计空间与器物形体的准确位置和比例，而透视规律的了解有助于正确地理解空间物体，从而更好地表现事物。

（2）学习素描和结构素描可以训练、提高空间造型能力，从而更好地把握画面的明暗关系和整体分量感。

（3）速写训练可以帮助我们快速的表达设计构思、增加归纳和搜集素材资料的能力。

（4）学习和掌握色彩知识可以科学的了解、分析和运用色彩的个性及规律，使感性和理性相结合。

（5）通过写生和默写能力的训练，加强画面的组织概括能力和记忆力的培养。

通过对周围事物的观察，以及眼睛对真实的客观存在的感受，我们会发现在生活中近大远小、近高远低的现象无处不在，而这种我们司空见惯、习以为常的现象就是透视现象，所以表现图中所表现的空间与物体形象必须符合透视规律。

透视一词的基本含义，就是透过透明平面来观看景物。学习透视就是研究把我们所看到的三维物象转换成具有立体感的二维画面的原理和法则，即研究在平面上展示立体造型的规律，它是人类视觉艺术中一门逻辑性很强的学科，始自于欧洲文艺复兴时期画家对现实主义绘画的探索，15世纪意大利画家L.B.阿尔贝蒂在其《画论》中叙述了绘画的数理关系，同期的意大利画家皮耶罗·德拉弗兰切斯卡对透视学进行了深入的研究，而德国画家A.丢勒更是把几何学运用到画面中，使这一门科学在理论上的得到确立（图2-1），从此绘画与科学相结合，对世界美术乃至建筑、勘探等相关学科的发展具有里程碑式的贡献。

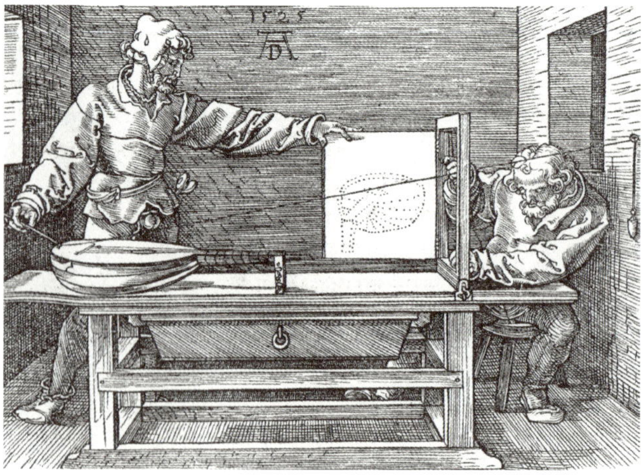

图2-1　把几何学运用到画面（丢勒）

第一节　透视图

一、透视图的常用名词（图2-2）

基面（GP）

观察者站立的地面。

画面（PP）

假定的人与物体之间的面，透视图所在面。

基线（GL）

画面与基面的交线。

立点（SP）

观察者站立位置，也称足点。

足线（FL）

视线投影到基面上的线。

视点（EP）

观察者眼睛的位置。

视平线（HL）

画面上通过心点并平行于基线的直线。

视高（EL）

从视点到立点的地面点为视高，视高一般与视平线同高。

真高线

在透视图中能反映物体空间真实高度的尺寸线（在画面中垂直于基线的直线）。

心点（CV）

由视点垂直投影到画面上的点。

视线（CR）

将对象物上的主要点与视点相连的直线。

灭点（VP）

同一方向的直线消失于视平线上一点。

二、透视图的基本类型

透视的种类很多，如焦点透视和散点透视，而表现效果图中基本类型，主要是根据灭点的数目划分为一点透视、二点透视等。

（一）一点透视

当物体、空间或建筑的一组主要面平行于画面，而其它主要面垂直于画面，且只有一个灭点，这个灭点消失于视平线上的心点，这种透视叫做一点透视，也称平行透视。

其优点是平行于画面的立面在透视图中的比例为真实比例，较易掌握，适合表现庄重、稳定、宁静的室内空间。缺点是较显呆板，与设计方案的真实效果有一定的距离。一点透视是掌握透视的基础，是将平面图形立体表现的关键过程［图2-3（a）］，对于建筑、室内外空间等图纸的绘制来讲，离开透视是无法想象的。

（二）二点透视

当物体、空间或建筑的两组主要面都与画面成一定的角度，这两组面的平行线分别消失于视平线上的两个点，这种透视称为二点透视，也称成角透视。

二点透视的画面因斜线较多，表现效果比较活泼自然，对空间的反映效果接近于人的真实感受，能较好的反映出物体与物体之间的组合关系。二点透视也有缺点，在多数情况下有一个消失点在画外，当消失点在画外时，位置的确定具有一定难度，如果角度选

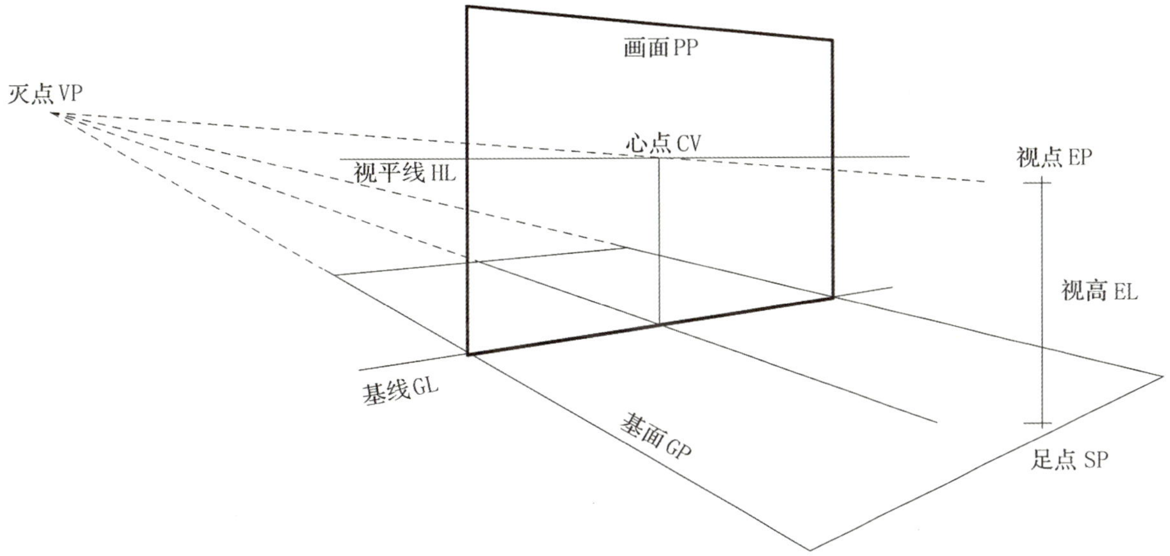

图2-2　透视图常用名词

择不当，可使所表现的空间和物体发生变形［图2-3（b）］。

（三）俯视图

俯视图也称作鸟瞰图，视线与水平线有一俯角，图上各要素一般都根据透视投影规则来描绘，其特点为近大远小，近明远暗。是一种提高视点位置的画法，通过提高视点来俯视空间和物体的面貌。适合表现比较大的室内空间（图2-4）。

（四）轴测图

能再现空间的真实尺度，可在画面上直接度量，具有三维空间的立体感（图2-5）

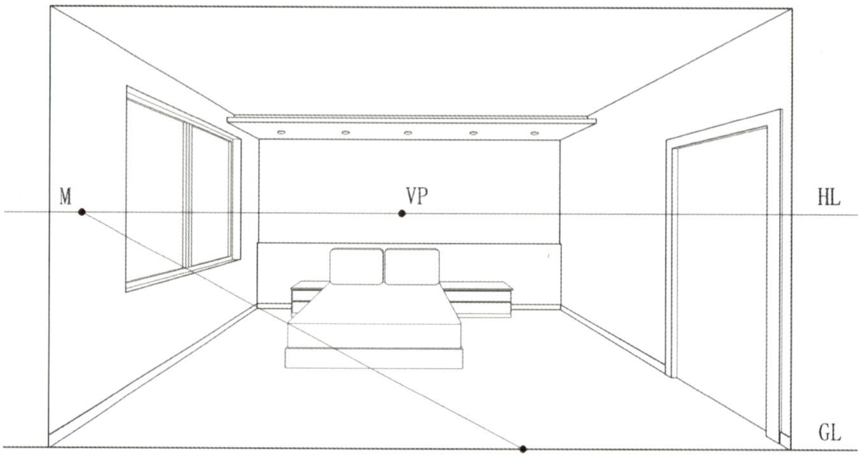

（a）

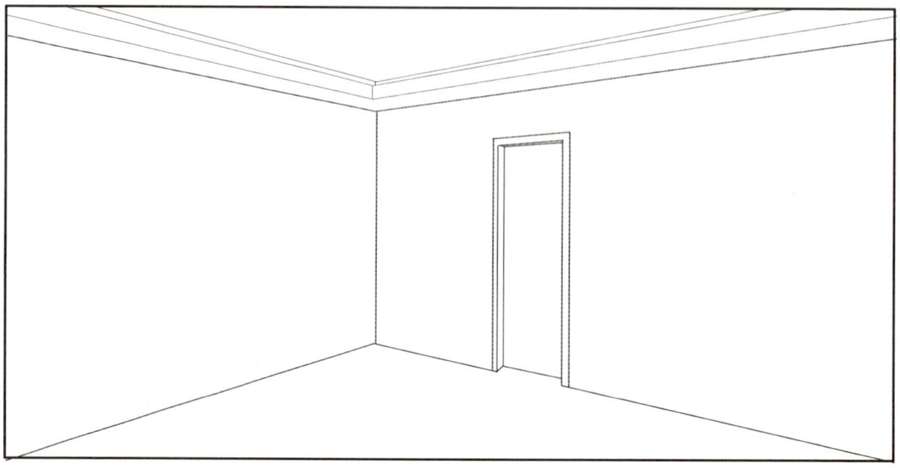

（b）

图2-3　平面图形立体表现

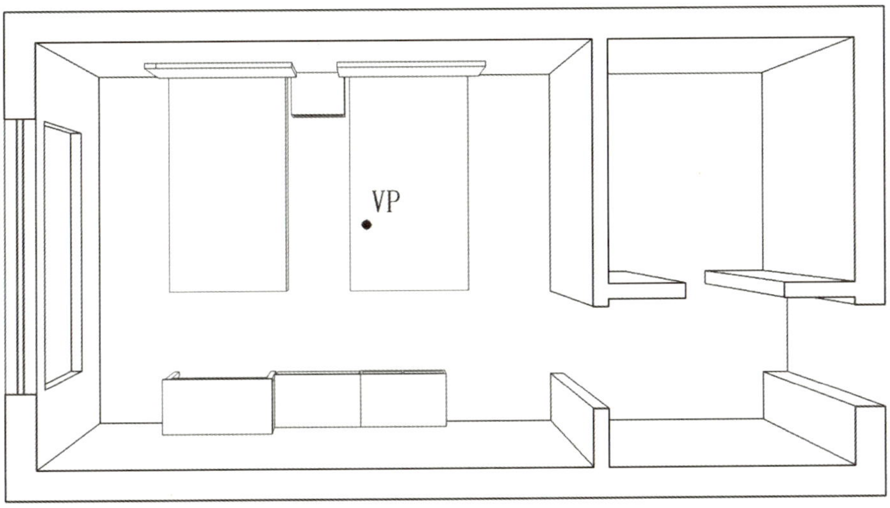

图2-4　俯视图

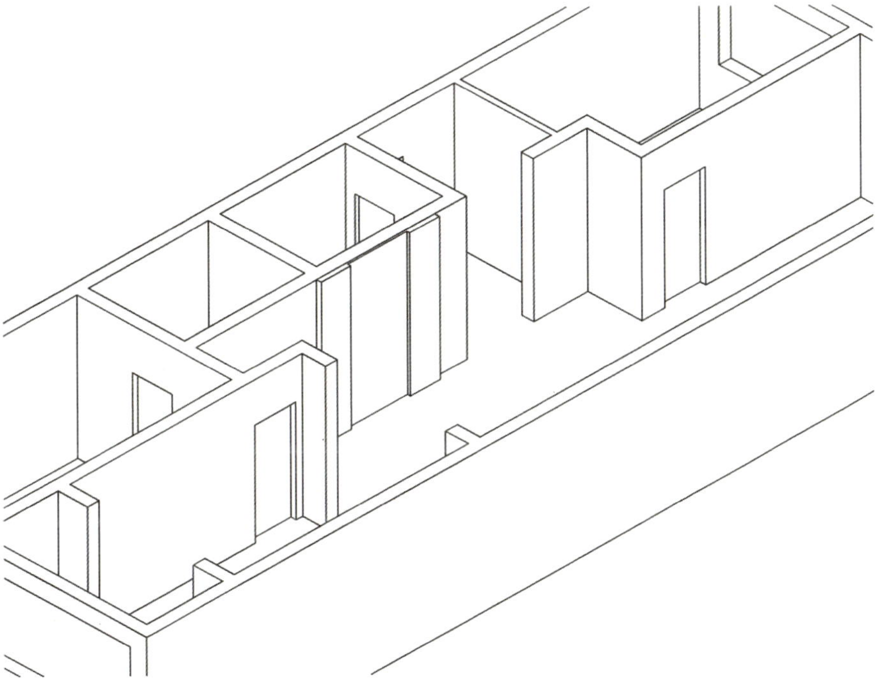

(a)

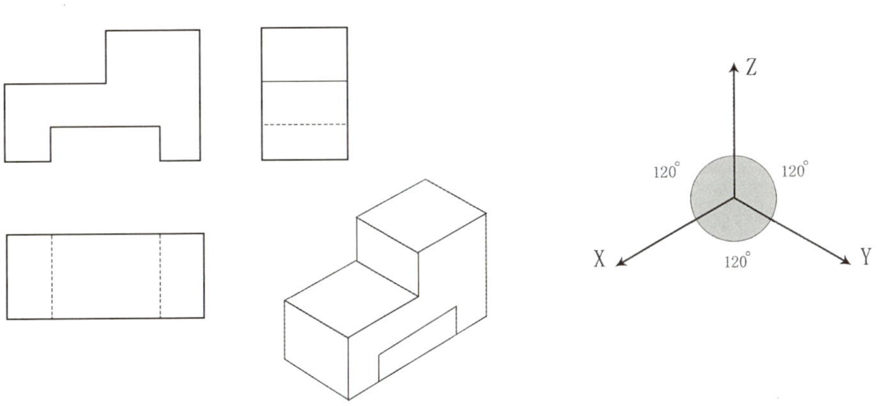

(b)

图2-5　轴测图

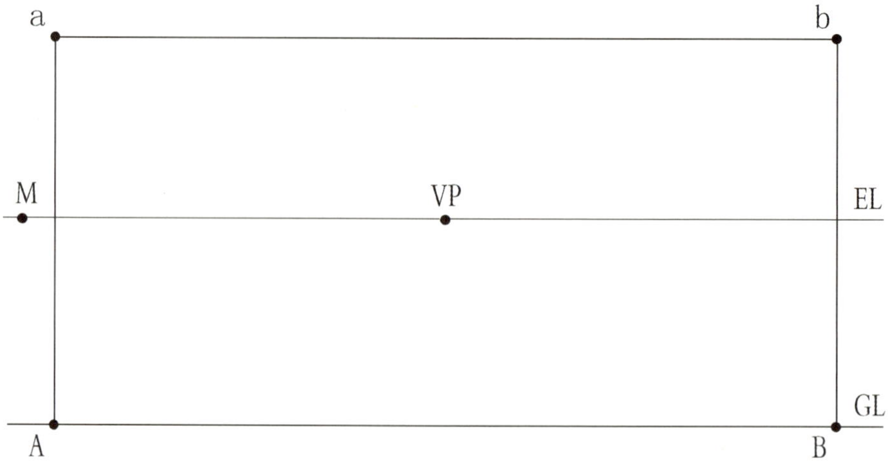

图2-6 一点透视画法一

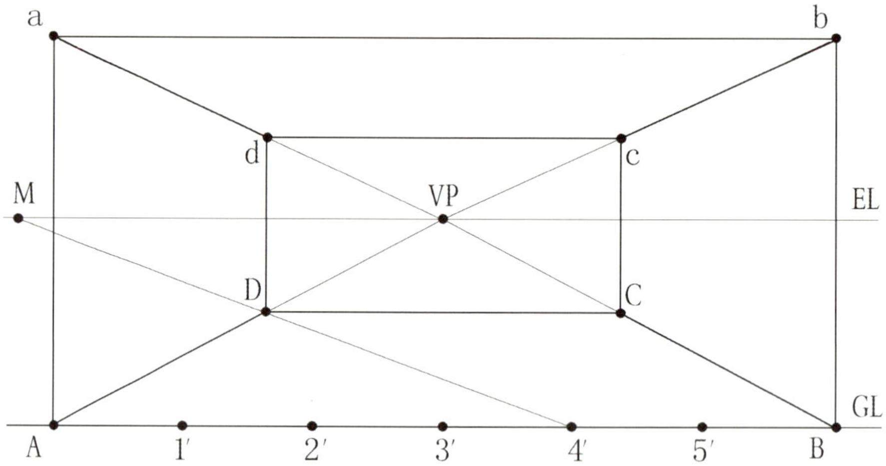

图2-7 一点透视画法二

三、常用透视图画法

（一）一点透视画法

第一步 确定画面

确定基线GL，视高EL=1.6m（视高常用尺寸）；按照实际比例确定宽和高ABba，AB=6m（假定房间宽度），Aa=3m（假定房间高度）；确定灭点VP、测点M、真高线（图2-6）。

第二步 求出进深

分别连接AVP、BVP、bVP、aVP，六等分线段AB；连接点M、点4′（假定房间进深），交AVP于点D，AD即为房间的进深；做平行线、垂线完成DCcd，确定房间透视（图2-7）。

第三步 完成地面、墙面、顶面的进深分割

利用平行线及垂线完成地面、墙面、顶面的进深分割，并从ABba上各点向VP引线，完成透视（图2-8）。

（二）二点透视画法

第一步 确定画面

确定基线GL，视高EL=1.6m（视高常用尺寸）；按照实际比例确定宽和高ABba，AB=6m（假定房间宽度），Aa=3m（假定房间高度）；确定灭点VP，测点M，分别连接AVP、BVP、bVP、aVP，任意定出灭点线VP（图2-9）。

第二步　求出进深

连接点M，点4′，确定进深为4m（假定房间进深），交AVP于点D，AD即为房间的进深；过点D做垂线交线aVP于点d，延长Dd交ab的平行线于点e，连接eVP，然后过点b′作ab的平行线交eVP于点f，过点f做垂线交aVP于点g，再过点g做平行线交b′B′与点h，连接dh（dh为d点的透视线）交bVP于点c，过点c做垂线交BVP于点C，连接CD，房间透视完成（图2-10）。

第三步　完成地面、墙面、顶面的进深分割

利用同样的方法，求出其他点的透视线，完成地面、墙面、顶面的进深分割及透视。设计师在表现效果图的实际绘制中，大量采用二点透视的透视方法（图2-11）。

（三）俯视图作图法

第一步　预备工作

在图纸的上半部分画出平面图，在图纸的下半部分对应平面图画出立面图部分高度的墙面，并确定画

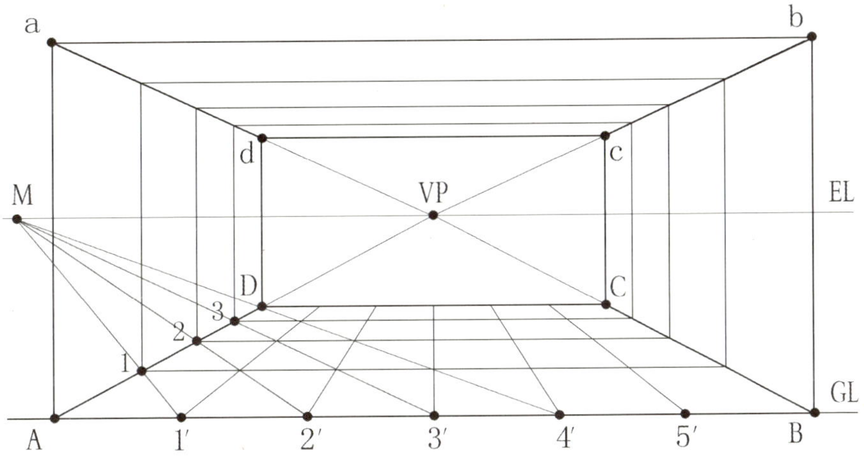

图2-8　一点透视画法三

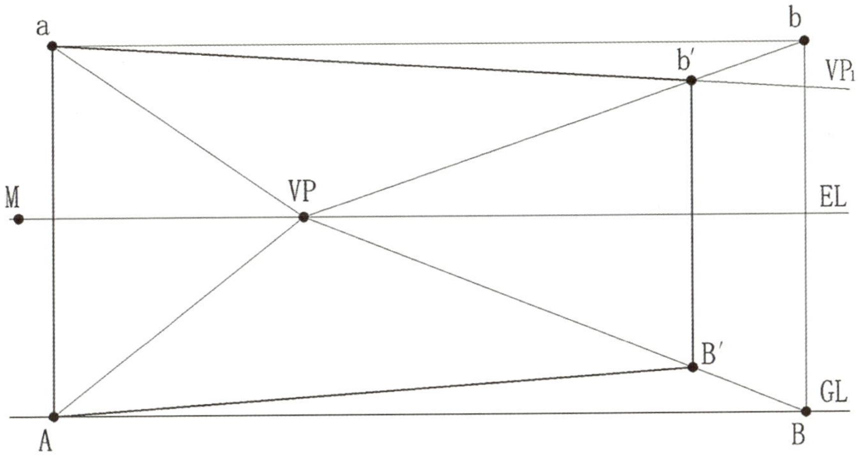

图2-9　二点透视画法一

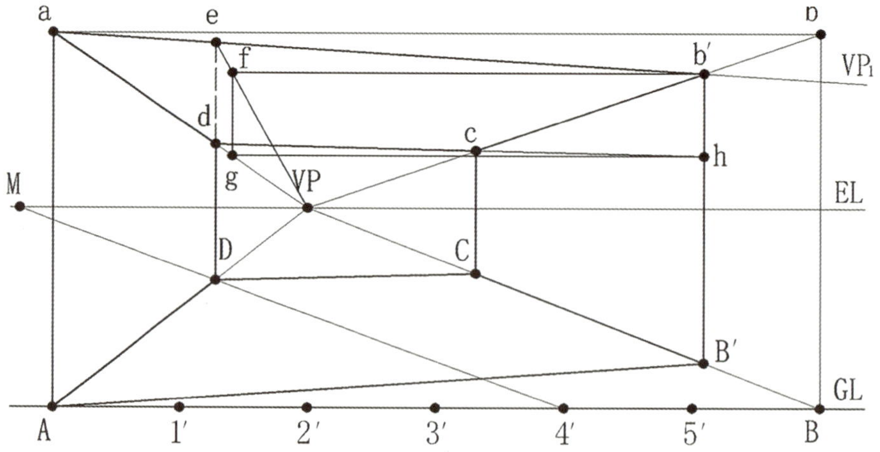

图2-10　二点透视画法二

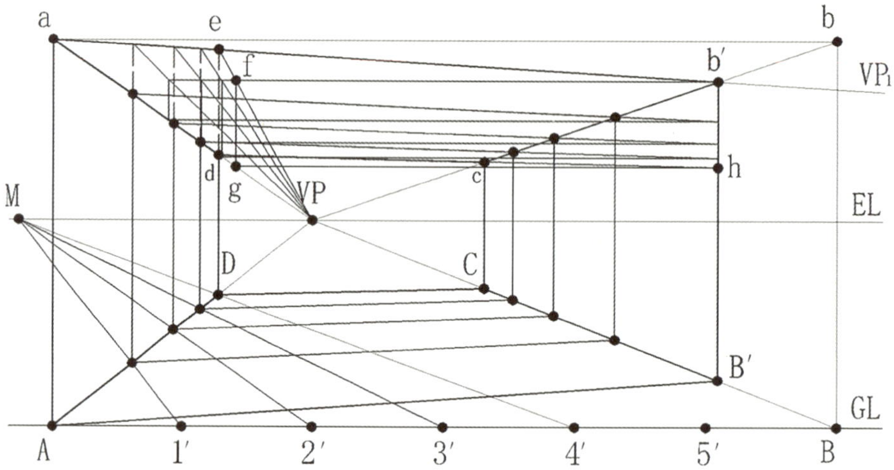

图2-11　二点透视画法三

面线PP；在室内的任意位置确定心点CV，在心点CV的垂直线上任意位置确定视点EP。

第二步 开始绘图

分别把立面图上各点与视点EP相连，得出连线与PP线上的交点；把平面图上各点与心点CV相连；自PP线上的交点向上画垂直线与平面图中各点和心点的连线相交，即得出平面图中各点的透视点；连接各点，即完成俯视图（图2-12），视点的选择应根据实际尺度进行把握。

（四）透视图辅助画法

物体基本轮廓完成后，有时需要在一个透视矩形内找出中点，有时还需要按一定比例将其分成若干份，这时我们便可以利用一些比较简单的辅助画法。这些辅助画法在平行透视、成角透视及其他透视作图中均可使用。

1. 求透视形体中心

（1）利用对角线等分已知透视平面（图2-13）。

第一步

做出已完成透视矩形的对角线，相交于点O。

第二步

过点O做平行于直立边的直线，即完成二等分已知矩形。

用同样的方法继续下去，便可以得到透视矩形无

– 提示 –

鸟瞰图是根据透视原理，采用高视点三点透视法从高处某一点俯视地面绘制而成的透视图。像高空飞行的鸟俯视地面比平面图更有真实感。

鸟瞰图的视线有一俯角，图上各要素一般都根据透视投影规则来描绘，其特点是近大远小；近明远暗。如：在直角坐标网中，东西向横线的平行间隔逐渐缩小，南北向的纵线交会于地平线上一点（灭点），网格中的水系、地貌、地物也按上规则变化。

鸟瞰图可运用各种立体表示手段，可根据需要选择最理想的俯视角度和适宜比例绘制，它主要用于绘制大面积园林景观、群体建筑等设计项目。

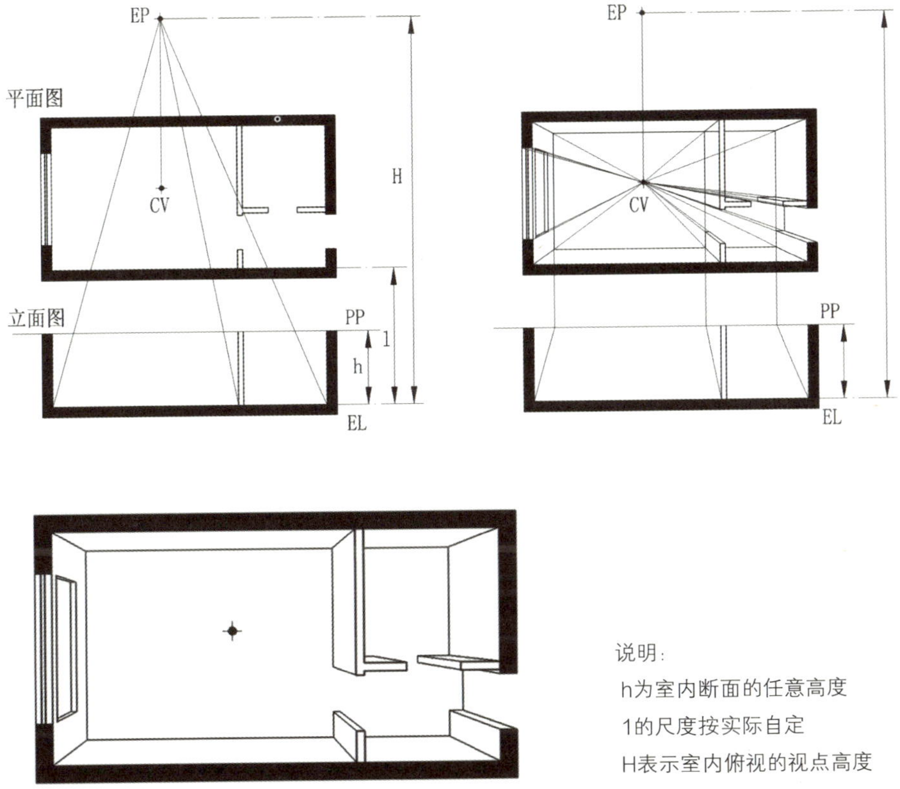

图2–12　俯视图作图法

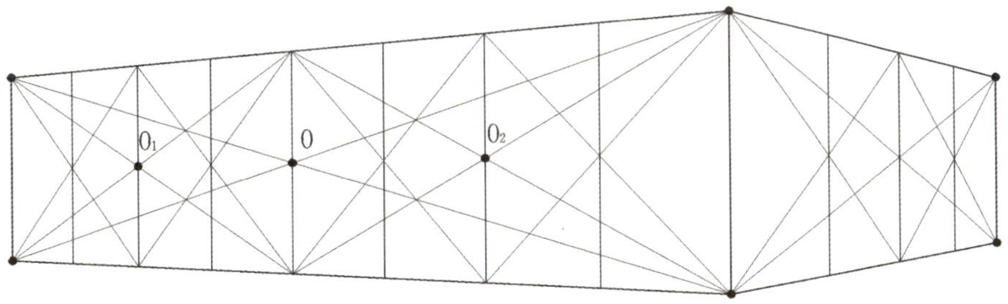

图2–13　利用对角线等分已知透视平面

数等分。

（2）利用对角线求透视形体中心（图2-14）。

第一步

分别连接透视形体顶面和底面的对角线，得出点O1、O2。

第二步

连接O1、O2，线O1 O2即为透视形体的中心线。

2. 分割已知透视矩形

（1）利用一条对角线和一组水平线把已知透视矩形分割为若干全等矩形[图2-15（a）]。

第一步

在靠近的垂线段AB上以任意长度为单位，自点A截取所需等分点1、2、3（需要对已知矩形进行几等分，就截取几个等分点）。

第二步

用直线连接1F、2F，与矩形A34D的对角线3D相交于点5、6。

第三步

分别过点5、6做垂直线与AD、BC相交，即完成对透视矩形ABCD的3等分。

（2）利用一条对角线和一组平行线把已知矩形按比例分割为若干小矩形，即将其竖向分割为宽度比为3：3：1的三个矩形[图2-15（b）]。

第一步

在靠近的垂直线AB上，自B点向下截取三段长度之比为Ba：ab：bc=3：3：1。

第二步

用直线连接aF、bF、cF，与矩形BCdc的对角线Bd相交于点e、f。

第三步

分别过点e、f做垂直线，即将已知透视矩形按所需比例分割为三个矩形。

（3）利用一组平行变线将透视矩形按一定比例分割为若干份[图2-15（c）]。

第一步

过靠近的垂直线的定点或底点做水平线，并按比例表示份数及比例。

第二步

连接水平线的端点n与透视矩形的另一顶点D，并延长与视平线相交得辅助灭点M。

第三步

将水平线上的各点分别与点M相连，连线与透视矩形变线AB相交。通过这些交点分别作垂直线，即按要求分割了透视矩形。

（4）用辅助直线横向分割已知透视矩形[图2-15（d）]。

第一步

按所需要的分割情况在透视矩形的靠近的边AB上确定分割点a、b、c、d。

第二步

过透视矩形的另一直立边的顶点D，按任意角度

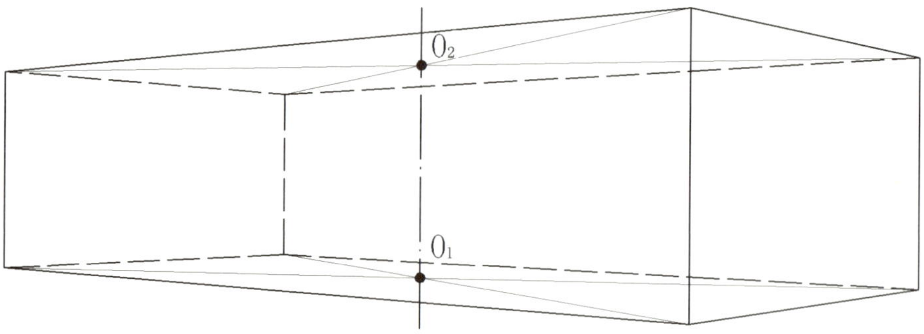

图2-14　利用对角线求透视形体中心

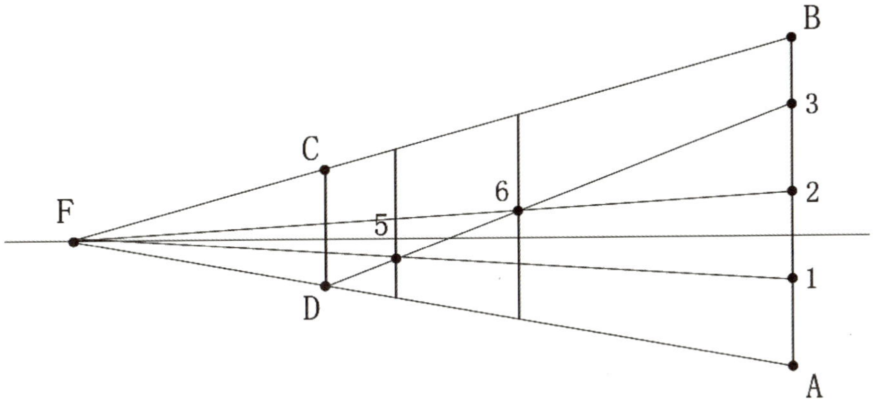

（a）

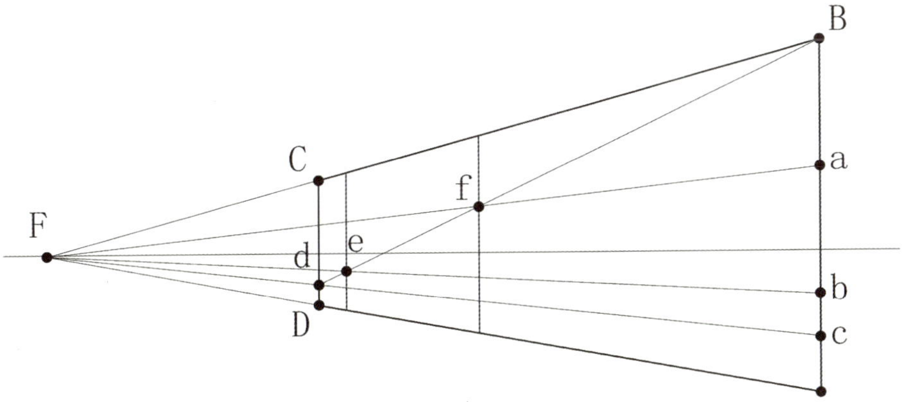

（b）

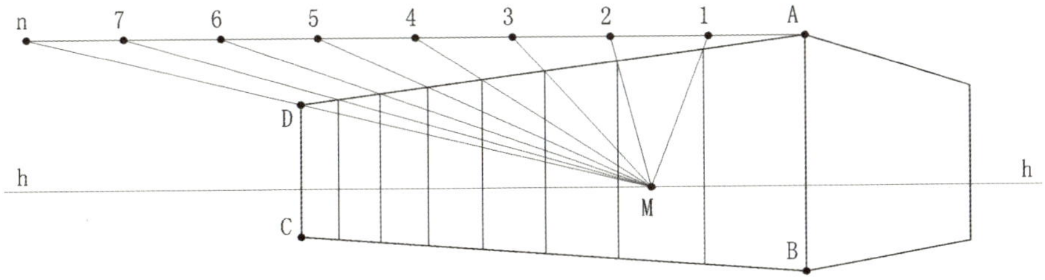

（c）

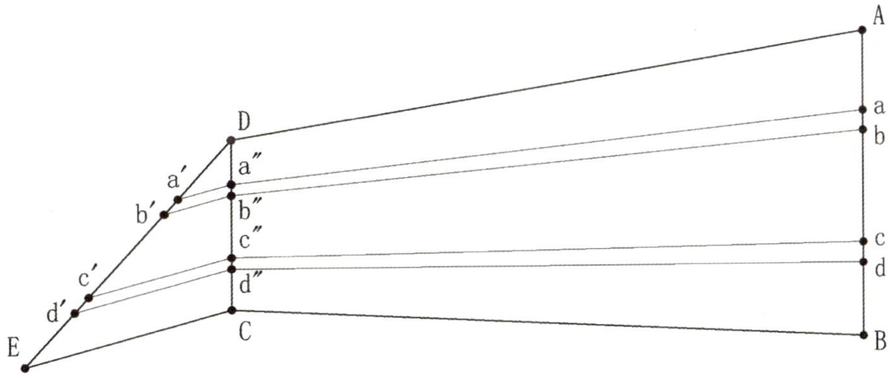

（d）

图2-15　分割已知透视矩形

– 提示 –

透视图中角点代号的编制要有规律，图稿中标注大量角点代号，区分彼此关系。平面或主要立面图上的角点一般选用大写英文字母，按逆时针方向顺序编制，投射后点成的透视图采用相对应的小写字母标注，出现纵向多个角点，可在字母后增加右上角标°、′、″来补充。如果同类角点数量过多，也可在字母后右下角标1、2、3……或a、b、c……。

做直线DE=AB，按同样的比例在DE上进行分割，得点a0、b0、c0、d0。

第三步

连接EC，并分别过a0、b0、c0、d0各点做EC的平行线，并与CD分别相交于点a1、b1、c1、d1。

第四步

依次连接点a1、b1、c1、d1。与点a、b、c、d，即完成所要求的透视矩形的分割。

第二节　绘画基础

一、素描

广义上的素描是指一切造型艺术的基础训练学科，它是通过线条及块面的使用，把所要表现的物象的形体结构、明暗关系、质量感、体积感和空间感真实的再现于纸面上。素描又被称为单色画。通过素描训练研究物体的比例、结构和明暗规律等造型因素，是最基本的绘画形式。

素描知识对于绘制表现效果图来说，具有不容忽视的作用。虽然通过透视可以得到表现空间及物体的形体尺寸，而素描基本功的水平、造型能力和表现能力的强弱直接影响到表现效果图及其技法的表达效果，影响到其空间及物体形象的丰富饱满和完美体积感的体现。

一幅效果图当中，无论是从整体空间结构、物体陈设，还是从画面效果的角度来说，都需要体现一定的素描关系。素描关系是塑造空间层次感、立体感、真实感、形体结构、光源关系等方面的根本，也是表现效果图深入刻画的立足点。要想解决好画面中准确的空间形体造型、比例和尺度关系，就必须经过系统的素描训练。

设计专业的素描训练可以根据其专业的特点，加强以线造型为主的训练，运用线面结合的塑造方法对所表现物体进行描绘，初学者可以从临摹入手，通过临摹到写生的逐步训练，解决造型和塑造及空间处理方面的问题，在室内外设计表现效果图中，物体的形态、色彩、光泽、质感的表现运用比较广泛，良好的素描基础是学好表现图技法的重要基础（图2-16）。

结构素描是素描的一种形式，即用素描的手法描绘形态的结构规律，从而达到认识形态、理解形态的目的。“结构素描”有很强的针对性，它强调比例尺度概念、形态组合及过渡规律，对形体空间结构进行分析和推理等，较为重点的表现方法是三维的空间概念。

结构素描是以线为主要表现方式，因为线条具有直观、概括的造型表达特征，在描绘对象时，按照准确的透视关系，刻画对象的立体感和空间感，这样既可表现物体可见部分的形态，又可以透过分析与推理表现被遮挡部分的轮廓。结构素描的学习和训练，可以促进学生掌握视觉与技巧上的准确性，并对设计程序有一个清晰的思路。结构素描训练目的和要求有以下三个方面。

1. 培养准确而严谨的造型能力

能概括地表现对象各个体面的形体及相互关系，具备深入塑造表现对象空间感、体感和质感的表现能力。

2. 用三维正立方体为基准的观察方法准确明了的表现对象结构

借助透视原理来观察和表现物体在空间中的形态，透过表象重点研究物体的内部结构。

3. 加强默写能力的培养

通过默写将表现对象看不见的各个层面的形态结构也表现出来（图2-17）。

（a）李克

（b）李克

（c）

图2-16　素描

- 提示 -

随身携带绘图笔，对绘图的训练要深入到生活中去。平时随身携一支0.2毫米的绘图笔作书写笔来使用，写字、绘图、签名都可以练习。

二、速写

速写，就其本意而言是一种快速的写生方法。速写同素描一样，不但是造型艺术的基础，同样是一种独立的艺术形式。速写技法要求在较短的时间内，以高度概括、综合的手法表现物象的形象。在表现效果图中，速写能力的训练有助于对设计中空间尺度结构比例、及其形体特征的准确表达，以及轮廓的准确界定，并能够敏捷快速及时地表达设计意图。通过写生和临摹，可以方便的记录和搜集有价值的设计资料和图像信息，加强眼、手、脑的有机配合，提高对复杂物象的集中概括能力。

速写的特点是可繁可简、生动、迅速，方便地表现和搜集所需要的各种图像。

用于速写训练的物象到处可见，人物、动物、植物、建筑物、自然景观、工业产品等。速写训练并不是以快为目的，也不是潦草，而是省略那些对表达主要内容无关紧要的东西，生动概括的描绘和记录物象的主要内容。在室内外设计和表现效果图的实际设计和表现中，首先要进行形体、空间等方面的形象构思，这些构思就需要用速写的方式先进行推敲，这时的速写是创作语言的表达，也是设计思维过程的真实记录，速写快速简捷，随着设计思路的发展，需要快速准确的把设计意图用速写方式记录下来，假如没有良好的速写工夫就难以快速准确的表达其设计构思（图2-18、图2-19）。

速写常用的工具范围也很广，铅笔、炭笔、钢笔、毛笔、马克笔等都可使用。铅笔的线可有虚实、深浅变化，不同硬度的铅笔、炭笔能画出从最纤细到最粗犷的各种不同特点的线条，毛笔画出的线条有粗细、浓淡变化，而钢笔有各式的笔尖，可以画出不同宽度的线条。

速写通常的表现方法有单线勾勒和线面结合两种。单线勾勒就是以线为主，其线条粗、细、柔、

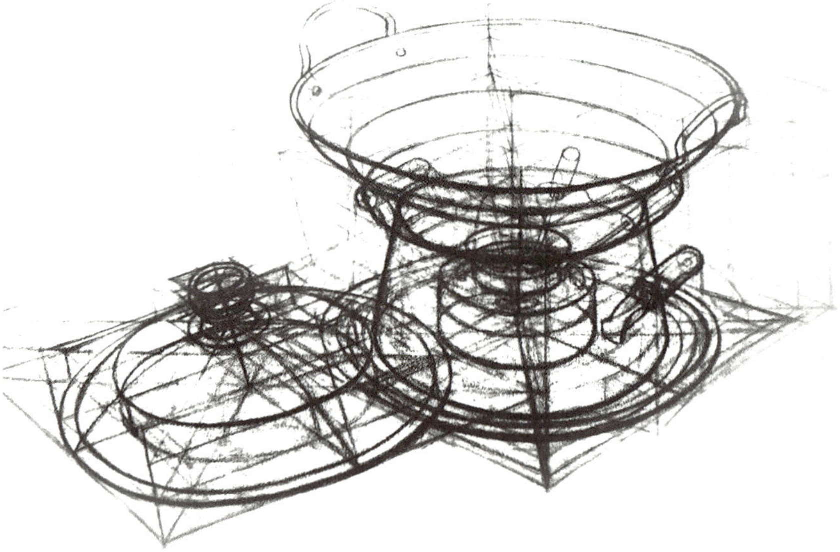

（a）

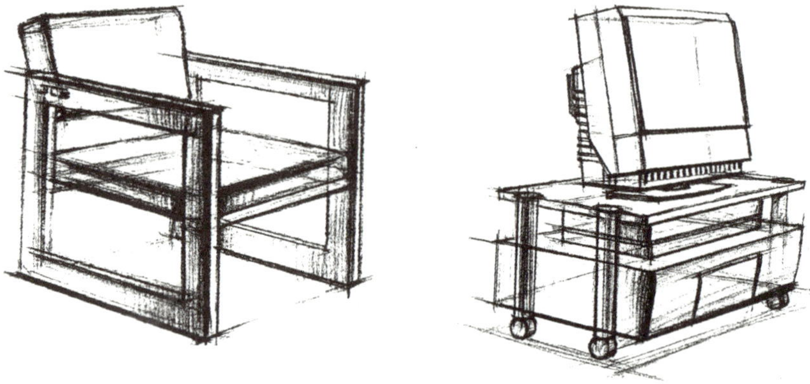

（b）

图2-17　结构素描

（c）

图2-18　街景速写　盛伟

（a）

（b）李军

（c）

图2-19　人物速写　盛伟

挺，可以产生不同的视觉效果，其重点可以培养对形体、结构的分析能力。线面结合表现法除了用线表现，还对表现对象的层次、明暗、虚实等进行描绘，重点训练形体塑造能力和层次体现能力，并能够体现空间体量搭配的情况，在训练中提高审美能力，为今后的方案绘制打下基本功。在速写方法的选择上，可根据不同情况、不同阶段和要求进行训练（图2-20）。

三、色彩

色彩，一般指色彩写生，是通过水粉、水彩等彩色材料运用绘制工具，对物象进行色彩组织和归纳的一种训练色彩感觉的方法。写生对象一般以静物和风景为主，是提高色彩修养和色彩塑造能力的主要训练方法之一，也是设计工作者必须进行训练的科目之一。

色彩运用的好坏对表现效果图的画面效果至关重

图2-20 情景素写 盛伟

要，通过色彩写生一可以掌握色彩的调配技能；二可以提高对色彩的归纳能力，对色彩冷暖的认识逐渐充分。色彩训练也可以通过临摹、记忆、默写来提高对色彩的把握能力（图2-21）。

- 提示 -

开始学习时最好完全参照着临摹，要注意笔的走向以及勾线的技巧。练习熟练并且掌握了一些技巧后，可依照优秀作品自由发挥，但是自由发挥还是要遵照最基础的线条勾画规律来作画。

（a）

（b）

图2-21 色彩 盛伟

思考练习题

1. 透视的基本含义是什么？
2. 什么是一点透视、二点透视？
3. 用一点透视、二点透视的原理，各绘制一幅住宅客厅的透视图。
4. 用素描的形式绘制室内外表现效果图各二幅。
5. 用速写的形式绘制室内外表现效果图各二幅。

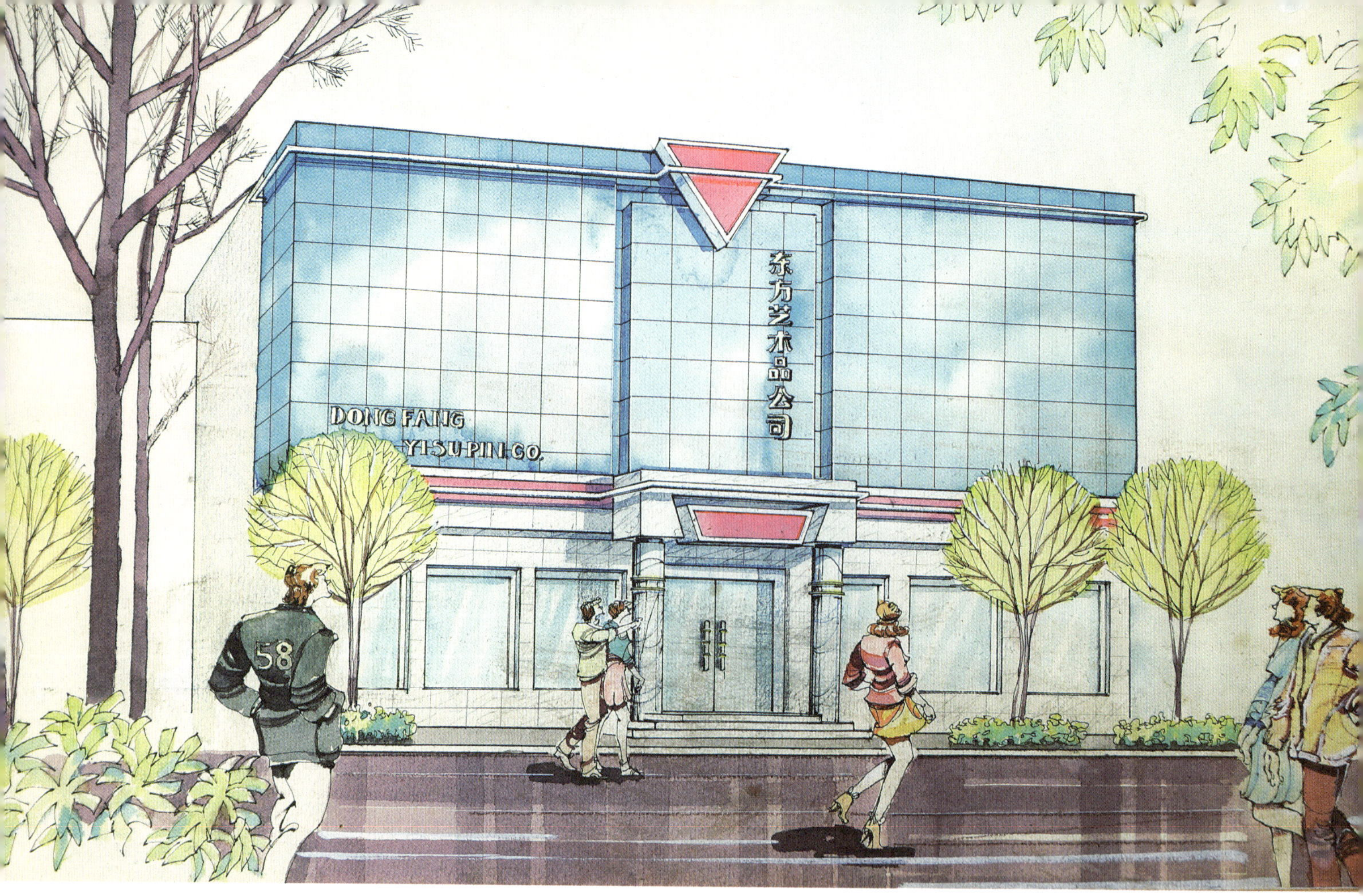
东方艺术品公司
DONG FANG
YI SU PIN CO.
58

3

第三章

表现效果图常用工具

表现效果图绘制技法的掌握需要相应的工具与材料，“工欲善其事必先利其器”，良好的工具与材料可以为表现图技法的学习带来便利的条件，但不是学习好表现图技法的决定性因素，娴熟的技巧才是绘制的关键。初学者可以根据自己的条件来购置工具与材料。

第一节　表现效果图常用纸张

随着科技的发展，纸的种类越来越多，其特点、性能也差别很大。我们把用于绘制表现效果图的纸概括的分为两大类，即吸水性强的纸和吸水性弱的纸。

吸水性强的纸，特点是画面表现感觉相对飘逸滋润、层次丰富，但画面明度相对弱一点，且不宜做过多的修改。吸水性弱的纸，画面感觉则相对强烈、色彩明亮，修改比较方便。表现效果图绘制的常用纸有素描纸、水彩纸、水粉纸、硫酸纸（即描图纸）、复印纸、白色及有色卡纸等。

不同特点的纸适合与不同性能的工具和颜料结合，纸张类型的选择除了要结合自己的特点进行确定之外，还要根据绘图工具和所用颜料来定。

用水彩颜料作画时，可以选择质地细腻的水彩纸。如果使用水粉颜料作画，可选的纸张品种则很多，例如水彩纸、铅画纸、卡纸、有色卡纸等等，但不宜采用太薄的纸张，以防纸面变形。用马克笔作画不宜选用吸水性强的纸张，而应选择表面光洁的纸张，如复印纸、白卡纸、硫酸纸等，这些类型的纸更能凸显马克笔的特点，显现出马克笔的魅力。使用综合技法绘图时，要根据实际情况选择合适的纸张，最常用的就是复印纸、水彩纸等。

– 提示 –

打印与手绘相结合。由于复印纸可以经过打印机，对油墨和炭粉有很好的吸附力，可以使用计算机制图经打印机输出后再徒手着色，这种方法主要用于CAD绘制的方案和施工图，徒手着色能提升画面效果，提高工作效率。

第二节　表现效果图常用笔

一、铅笔

铅笔是素描绘画的主要工具，在环境设计效果图中，也是一种较常用的表现工具。

铅笔具有良好的性能，其硬度和铅芯粗细的分别明确，既适合于空间结构及物体形体的勾勒，也适合于细部刻画，同时也便于塑造虚实和明暗变化，当然，铅笔线条还具有最方便修改的特点。但是，铅笔的使用不能够表达设计中的色彩关系，而且仅靠肌理的描绘和光感的刻画，也很难对材料的材质进行准确表达。

二、钢笔、中性笔和针管笔

钢笔、中性笔（也叫签字笔）和针管笔的墨线清晰、肯定，具有很好的视觉效果，是最为常用的效果图绘制表现工具。线条粗细可根据中性笔和针管笔的型号来选择，一般要由画面的幅面来决定，而当中的结构线与轮廓线的粗细区别，对画面表现力的展示非常重要。钢笔和针管笔可填充墨水，而中性笔是一次性的。钢笔、中性笔和针管笔在画面的明暗、虚实处理方面不及铅笔效果，它们的明暗过渡相对来讲不够平缓，但其线条排布的松紧差异及点的疏密变化，也能够体现较好的画面素描关系。

三、彩色铅笔

彩色铅笔也是一种常用的效果图表现工具，尤其适合于淡彩技法，其色彩齐全、使用方便、容易把握。

彩色铅笔使用时，可以通过反复叠加的方法来加强色彩的丰富感。但因其具有蜡质特性，而存在色彩不够细腻、紧密的状况，一方面不易进行细致刻画，另一方面不容易形成较强的明暗对比，尤其是在大幅面的效果图中，近处的明暗对比和总体的虚实过渡不容易体现。所以彩色铅笔最适合用于概念性色彩图的表现，或者和其他技法配合使用。

图3-1　水粉笔、水彩笔

四、水粉笔、水彩笔、毛笔

水粉笔一般为扁头笔，毛质较硬，而水彩笔一般为圆头笔，毛质较软。表现效果图绘制所用的水粉笔和水彩笔分为铺色用笔、绘制用笔、刻画用笔。铺色用笔一般采用底纹笔或大号的扁头笔，底纹笔一般用羊毛制成，而扁头笔可以用羊毛笔，也可以选用尼龙笔。绘制用笔要准备几种型号，在不同面积物体的绘制时采用相应的型号。毛笔一般用来勾线和细致刻画，如拉线笔和叶筋笔等，狼毫、羊毫、尼龙笔均可（图3-1）。

五、马克笔

马克笔是一种常用的效果图绘图工具，可分为水

－ 提示 －

彩色铅笔要时常保持尖锐状态，这样做对深入刻画细节很重要。如果线条排列不到位。可以尝试使用清水来溶解，但不能完全依靠水溶技法来解决所有深入刻画的细节。

- 提示 -

手绘效果图工具要齐全。手绘效果图的训练需要长期、持久、配置完善的工具才能事半功倍。画板、调色板、水桶、拭布、透明胶带、纸巾、橡皮、美工刀、工具箱都应该一应俱全。很多东西一次购置，可以用上十年以上，同时也能对自己产生约束力、持之以恒地学习。

性马克笔和油性马克笔。油性马克笔色彩快干、耐水，而且具有很好的耐光性。水性马克笔色彩亮丽，且透明度好。马克笔的笔头有方形和圆形之分，方形笔头整齐、平直，适合用于进行面的着色，而圆形笔头适合较粗的轮廓勾画和细部着色（图3-2）。

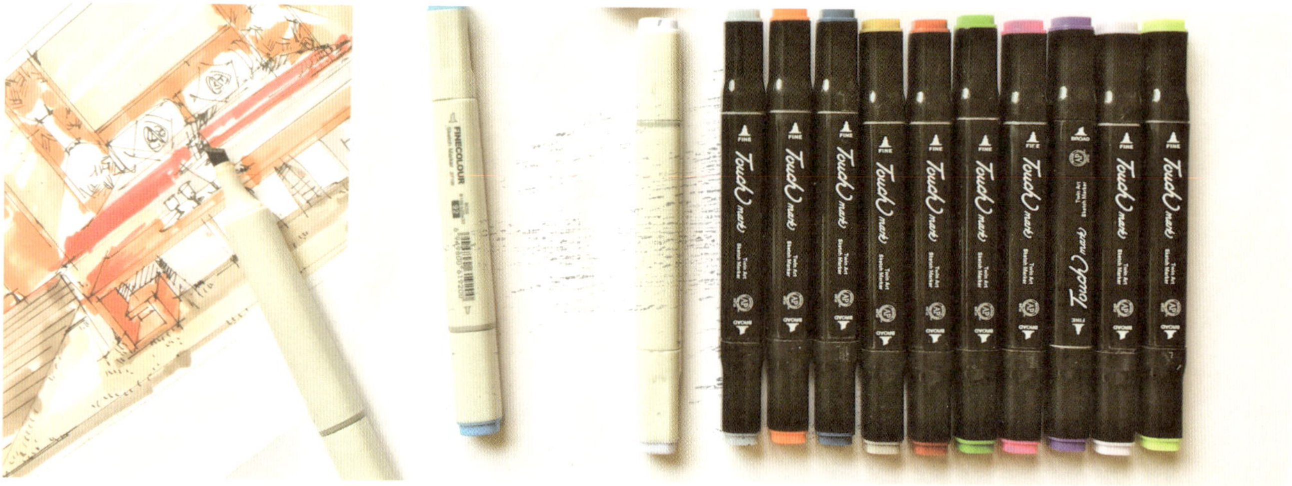

图3-2　马克笔

第三节　表现效果图常用颜料及辅助工具

一、颜料

用于表现效果图的颜料现在主要是水粉色和水彩色，另外还有透明水色等。我们把用于表现效果图的颜料也分为两大类，即透明和不透明颜料。

颜料的品种很多，质量差距也比较大，进口颜料的质量相对要好一些，质地比较细，色泽纯正。透明颜料有透明水色和水彩颜料两种，透明水色有瓶装和册装两种；水彩有块装、瓶装、锡袋装，颜色从纯至灰非常齐全（图3-3）。不透明颜料以水粉色为代表，有瓶装、锡袋装。各种颜料性能不同，可以根据自己的优势和表现效果图的使用功能来选择使用。

二、辅助工具

绘制效果图的辅助工具包括圆规、模板、丁字尺、三角板、界尺（槽尺）、美工刀、涂改液、胶水、调色盒、调色板、画板等，其中使用量最大的是各种

图3-3　颜料

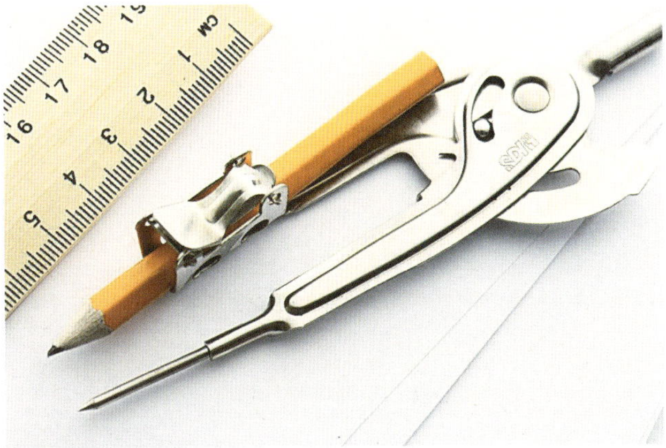

图3-4　辅助工具

尺子（图3-4），如直尺、曲线尺、软尺等。

界尺是表现效果图着色时的工具，在使用水粉色技法时常用来画直线。界尺有台阶式和凹槽式两种，界尺的长度一般为50厘米、宽度为3厘米、高度为2厘米。也可以自己动手制作界尺，最简单的方法就是把两条直尺平行方向前后错开1厘米左右的距离，用双面胶带把它们粘在一起即可使用。

– 提示 –

初学手绘效果图要尝试使用多种制图工具，有了经验以后就可以按自己的习惯来专一练习了。摸索出工具的特性，制图水平会提高很快。

思考练习题

1. 了解掌握绘制表现效果图的纸张分类和特点。
2. 了解掌握绘制表现效果图的常用画笔。
3. 了解掌握绘制表现效果图的颜料分类。

ENVP
YBTVINPI
HOINDV

广场景观方案
2007.01.12

4

第四章

色彩构成原理

色彩是通过光的反射进入眼睛而产生的视觉感，没有光就没有色彩，光的物理性质是形成人们理解色彩的基础。对色彩进行一定程度的分析研究，掌握必要的色彩知识，对于学习表现效果图是非常必要的。

色彩对人类情感的影响很大，比如红、橙、黄等较为刺激的色彩可以使人兴奋、激动，而蓝、青、紫色则使人沉静安逸等。对色彩的喜好也会因人们年龄、性别、职业、地区、民族等方面的个体差异而不同。用逻辑思维的方法，对色彩的构成原理和基本要素进行分析研究，从而对色彩进行合理的选择、组织和运用，掌握调色的基本方法，是初学者的必经之路。

第一节　色彩构成

构成色彩的因素主要是光源色、固有色和环境色。

一、光源色

光源色是光本身的颜色，分为自然光源和人工光源，例如太阳光、各类灯光等。

光源色对画面具有较大的影响，比如绘制舞台、夜景、博物馆、展位一般会设置特定的光源，以突出氛围，这时的光源色对画面具有决定作用。

二、固有色

固有色指物体本身的颜色，因受光源和环境色的影响，很难观察到绝对的固有色。

任何材质都有其固有的颜色，在表现时应注意归纳和概括，如过于突出固有色，会使画面产生“乱”和“碎”的问题。

三、环境色

环境色指环境影响对物体所造成的颜色变化。

在表现效果图绘制过程中，环境色的影响主要来自各大界面和体量较大的物体的影响，根据表现对象的具体情况，环境色对画面的影响可以加强也可以减弱。

第二节　色彩的三要素

在色彩中每一种颜色都包含着三个方面的因素，色相、明度、纯度。要确切地显示某一色彩的特征，必须通过以上三个基本要素来界定才能完成。

一、色彩的色相

色相指色彩所属的颜色相貌。除去没有色相的黑、白、灰之外，其他颜色都有自己的色相。

二、色彩的明度

色彩的明度指色彩的明亮程度。明度最高的色彩是白色，最低的是黑色，色彩的明度取决于物体反射光的量，同一色相的颜色由于光反射量的不同，会产生不同明度的色彩感觉。

三、色彩的纯度

色彩的纯度也叫彩度、色度、鲜艳度、饱和度等，是指色彩的饱和程度或鲜艳程度。纯度的高或低，关系着色彩感觉的强弱。纯色是纯度最高的色，混入其它颜色纯度就会降低,混入颜色的种类越多，纯度就会越低。

第三节　色彩的对比与统一

色彩的对比与统一在效果表现上是营造气势、获取审美、传达感情和信息所不可缺少的重要因素。下面色环中各种颜色主要是通过对比来体现色彩之间的相互关系（图4-1）。

一、色相对比

色相对比是颜色之间面貌的相互差异形成的对比关系。从伊顿十二色相轮上可以看出红与绿、黄与紫、橙与蓝的对比最为强烈。

二、明度对比

明度对比是指不同颜色本身固有的明暗程度的对比。颜色之间按不同的灰色排列，可以显示明度的差

图4-1　色环

– 提示 –

简化配色方法：

1）亮面调子：一般用物体的固有色。

2）中间调子：一般用物体的固有色。

3）暗面调子：固有色+少量深色。

4）明暗交界线：这是物体上颜色最深的地方，也是色感最弱的地方。

5）反光：它属于暗面的一部分，但明度上比暗面亮，环境色的影响也较强。

6）亮光：常直接采用光源色来表现，这部分是固有色反映最弱的部分，亮光的表现对体现物体的质感起着很大作用。

别。明度接近的色彩容易产生和谐关系。

三、纯度对比

纯度对比是指颜色之间鲜艳程度的对比。纯度高的色相明显，纯度低的则显暗浊。

无论是以上哪一种对比，都不能孤立看待，色彩的对比都不是孤立的、割裂的，它们互相牵制、互相影响，通过色彩之间的关系使画面生动和丰富。表现效果图的画面要求通过对比来使其主要内容更加突出，使画面效果更加生动，在对比中求统一，把握画面的主色调，避免造成色彩之间混乱无序的局面，这就要求画面中要有一个面积相对大一点的主色调，并把它渗透到不同的色相中，来达到画面色彩统一的效果。合理有序地安排色彩的位置和与周围环境色彩的关系，才能使色彩相互呼应取得画面统一。

第四节　色彩的调子

色彩在画面中总是要有主要倾向的，我们称这种色彩倾向为色调。从色性上分析有冷调、暖调、中性调和调、中性偏冷、中性偏暖的区分。对色调起主导作用的是光源色，比如舞台灯光的照明作用，会因情节内容的不同，其光的颜色也不断变化，光源决定着舞台气氛的主色调。再如，早、中、晚阳光的光源色不同，产生的色调也不相同。

一、按照色调可分为两大类

1. 对比调

以对比为主，统一为辅的色调。

这类调子的画面效果在色彩上有较大的对比性，给人以强烈、突出的视觉感受（图4-2）。

2. 调和调

以统一为主，对比为辅的色调。

这类调子的画面效果协调统一，有温馨浪漫的感觉（图4-3）。

二、按照明度可分为三大类

1. 高调

指明度较高的色组成的基调（图4-4）。

2. 中调

以明度适中的色组成的基调（图4-5）。

3. 低调

以暗色组成的基调（图4-6）。

其中高调给人以明亮、优雅的感觉；中调给人以柔和、稳定之感；而低调则给人以沉闷、阴暗的感觉。

图4-2　对比调

图4-3　调和调

－ 提示 －

分层次加强光影关系。加强效果图的光影明暗关系可以让画面显得更有立体感，但是要注意分多个层次来表现，不要一次画得很黑，令人感到很脏，失去效果图的美感。

图4-4　高调

图4-5　中调

图4-6　低调

思考练习题

1. 色调可以分为哪两大类?
2. 绘制一幅以协调统一为主调的室内表现图。
3. 绘制一幅以对比为主调的室外表现图。

5

第五章

单体及单体组合

单体即单个独立的物体，而千千万万的单体一起组成了我们所生活的大千世界。在室内设计中单体主要指家具（沙发、床、茶几、橱柜等）、陈设、家电（电视机、冰箱、空调等）和洁具等。

家具和陈设是室内空间环境的主要构成要素，家具和陈设在一定程度上反映出空间的装饰风格和设计理念，人的生理及心理感受也会受到家具和陈设的影响。在绘制单体时，应注意其形体、透视和材质的变化，观察单体与周围环境的关系。通过单体及组合的练习可有效地促进对室内外空间的表现效果图的学习和认识。

第一节　几何形体与单体

世界上的物体数不胜数，但本质上都是由圆形和方形两种基本几何体组成，因而单体就是几何体。室内陈设沙发、茶几都可以概括为立方体，立方体是一切复杂形体最终组合的基础。在练习时可先根据透视的画法将沙发归纳为空间中的立方体，再进一步描绘沙发的细节。在绘制过程中要有意识地运用一点透视、两点透视的原理，培养自己正确的透视感觉，因此练习描绘几何形体对于表现室内外透视图具有重要意义（图5-1）。

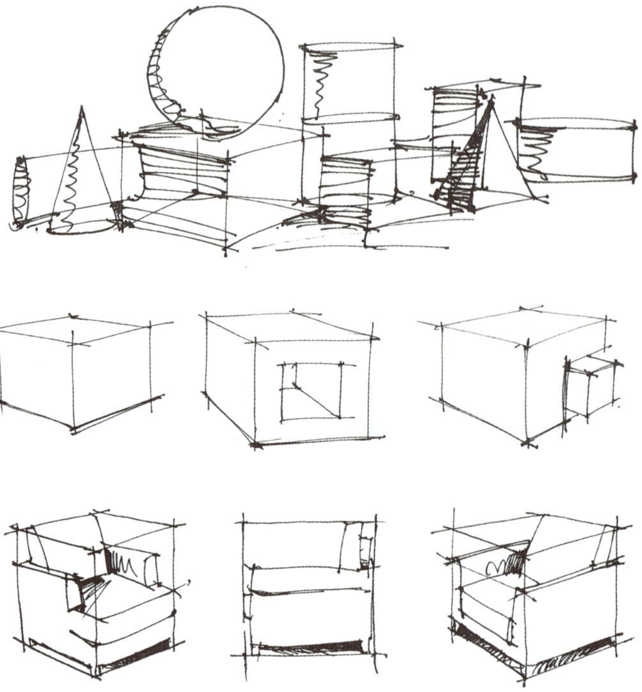

图5-1　描绘几何形体

第二节 单体及单体组合练习

一、单体练习

绘制单体时，要注意其透视、虚实和比例关系，先运用横线、竖线及斜线进行概括再展开对细节的描绘。画椅子、沙发、床等家具时从整体入手，简洁、生动地加以体现，同时还应了解流行家具的款式和结构。在表现灯具时要注意它们的造型特征，对拉环、装饰等小构件也要认真刻画。在对花卉、水果、织布和器皿进行描绘时要注意生动、概括地表现它们，画面不要太满，要有余地（图5-2）。

（a）

（b）

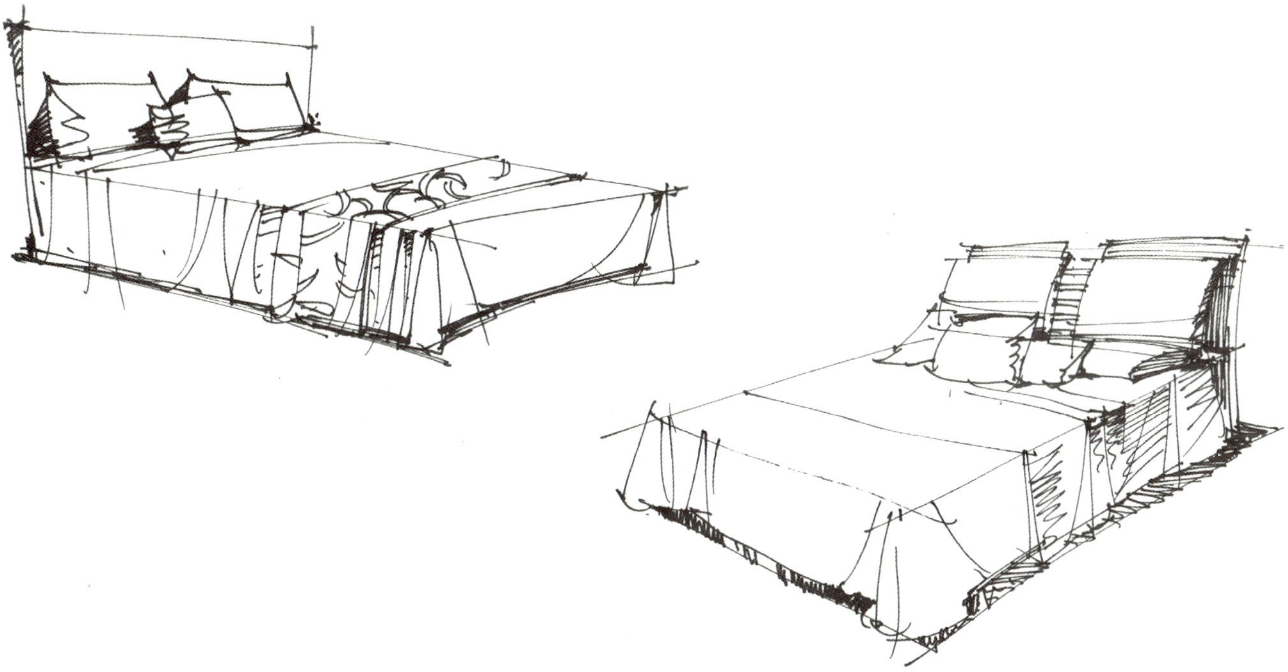

（c）

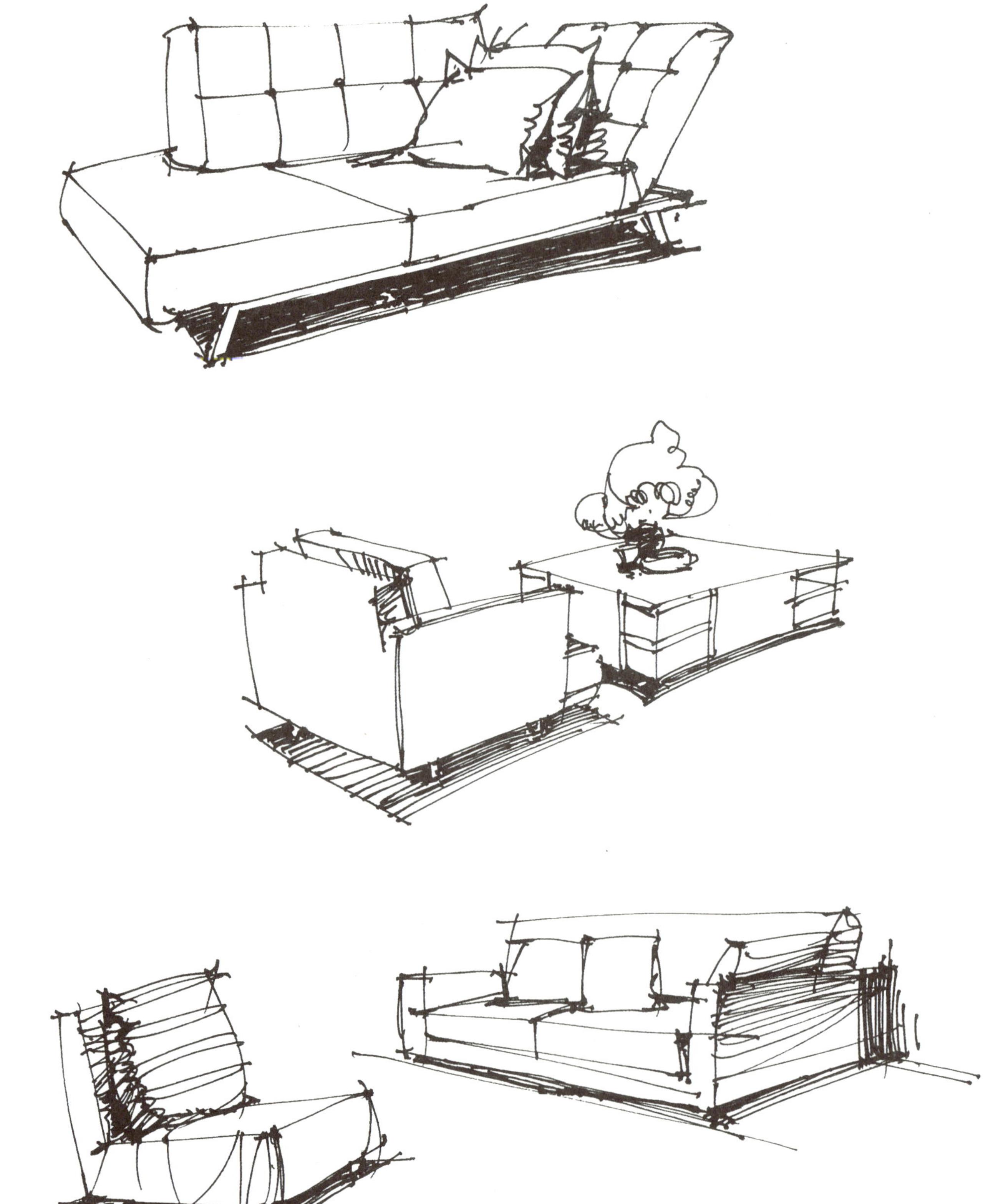

（d）

（e）

（f）

图5-2 单体练习 李军

二、单体组合练习

单体组合本身就是一个独立意义的小型空间，通过持之以恒的练习，能使我们积累大量的单体素材和组合样式，可迅速提升手绘效果图的绘制速度和水平（图5-3）。

－ 提示 －

效果图基础就是塑造形体的基础，对象形体表达完整了，效果图才能深入下去，透视、线条、色彩、质感都是正确表达形体的要素。

基础学习就是从局部细节入手，为后期工作打下坚实功夫，切不可操之过急。

（a）

（b）

（c）

图5-3　单体组合练习　李军

6

第六章

质感的表现

任何材质都有其质感，质感体现着材质的性格。质感的表现是绘制表现效果图中必须接触和解决的问题。质感是具有非常丰富内涵的语言，有时甚至可以代表某种文化、某种审美特征，是能够触动人类心灵的元素，在设计中充分利用质感来营造空间氛围，加强人与环境之间的交流是非常有效果的方式方法之一。

第一节　质感

质感主要是指材料的质地、肌理的综合体现，是指物体在视觉和触觉下的外表特征，质感是任何材料都具有的“神”态。质感会给予物体不同的气质，这是我们应该充分认识到的问题。对于同质地，不同肌理、不同表面处理、不同颜色的材料，都会具有各自的特点与个性。从设计的角度考虑，应该感受到各种材料的个体品质，把握它们的不同特征（图6-1）。

当我们说某种材料坚硬或者柔软的时候，是从它的质地状况来说的。而质地仅仅是材料的物理性能之一，仅代表它的一种属性，材料的粗糙或光滑程度以及它的纹理，才更能够彰显其性格。例如，两块完全相同的镜面蒙古黑石材摆放在一起的时候，我们会感受到它们坚硬铿锵的质地，感觉到它们透射出的一种庄严肃穆的气息；而当我们把其中的一块石材进行烧毛处理，让它失去原本的光泽和光滑表面，而成为粗糙的麻面，这时我们感受到，处理后的石材尽管同样保持着坚硬的质地，而给人更多的感觉是雅致，让人感受到一种韵味、一股文化的气息。又如，我们把一块镜面石材和一块仿石材（同花色）铝塑板放到一起进行比对，远观之其色彩、亮度基本所差无几，然而表面的现象并不能够掩盖其内在的品质，铝塑板的肌理再逼真也永远不会有石材的那股寒气、坚毅和自然的感受。

（a）

（b）

图6-1　质感的表现

第二节　质感与室内外设计

材料是构成室内外空间的物质要素，在室内外设计中，室内外环境的界面装饰及空间中物体的形成与组合、各种陈设等等，都是以材料为依托，因而室内外设计与材料质感的具体应用有直接的联系。同样外观结构、形态的设计形象，当施以不同质地的面层材料，则会产生不同的风格、不同的趣味、不同的个性，给人以不同的感受。

材质美感是构成室内外环境设计美的主要组成部分之一，室内外设计必须考虑材料质地与空间功能的符合、质感与环境氛围的适宜，以及材料之间的质感搭配、面积搭配等方面的协调。从使用功能的角度来讲，主要是考虑材料的防水性、防火性、耐磨性、隔音性、隔热性、吸音性等特征；从环境氛围方面来说，主要是加强质感与格调的联系，通过适当材料质感的情感传达，让人们能够产生一定的审美心理和视觉享受，达到心灵与环境的相互贯通，才表明氛围塑造到位。材料之间的搭配，要考虑主要材料与点缀材料的确定与控制，依据大统一、小变化的原则，进行适度的对比与协调，使环境既丰富多彩，又不失整体感受。

在设计应用中，材料的选择要有一定的主旨性和针对性，在现代设计中，质感的设计应用有两种倾向：一种是尽可能的表现天然材质的色泽，追求自然的构成效果；另一种是发掘人造材料的独特性，发挥其特有的吸引力。

第三节　质感与表现效果图

为了创造良好的环境，塑造贴切的室内外氛围，我们通过各种材料的使用铸就空间，通过不同的材质搭配来体现不同室内外环境的品味。把我们煞费苦心的设计理念准确的传达给观者，充分了解设计者的意图，感受到未来的环境效果。为此，我们在绘制表现效果图时，准确表现各种材料的质感，使观者可以通过画面的表现，直接感受到真实材料的空间效果，才是学习和绘制效果图的真正目的。

在效果图的质感表现上，可以用一些程式化的方法来表现不同质地、不同材料的质感，尽力做到减少识别的难度。而就效果图本身来讲，由于它是技术与艺术的结合，所以在材质的表现上可以进行一定的归纳和演绎，在整体协调的情况下，根据氛围的总体要求，对材质的体现进行合理的、艺术的渲染，既体现其材质本身的特征，又给人以审美享受（图6-2）。

图6-2 质感表现效果图

第四节 质感的分类

材料质感的搭配要根据审美的需要、造型的需要、空间的需要、塑造风格和个性的需要。要正确运用材料的质感表现，有目的、有选择、合乎视觉审美的运用质感。

建筑材料和装饰装修材料的日新月异、五花八门，加上家具、艺术陈设品和家用电器的种类及表面材质的不断增多，难免会造成对材料认识、运用合理性的难度。无论材料的花色品种变化如何，终归脱离不了它本身的物理属性和一定的表面特征，我们把质感的表现形式从两个方面进行概括分类，以便于学习掌握，进而更好地运用和表现。

千差万别的材质其表面呈现不同的色彩和肌理，在光的作用下不同的材质会产生不同的光感效果、形成不同的色彩关系。

一、表面触感效果

仅从其表面的触感效果，我们把材质概括的分为三大类。

1. 表面平整、光滑的材质

如不锈钢板、钛合金板、铝板、铝塑板、磨光石材、玻璃板、釉面砖等（图6-3）。

图6-3　表面平整光滑的材质

（a）

（b）

图6-4　表面平整有细微机理材质

2. 表面平整、有细微肌理的材质

如木质材料、织物、地毯等（图6-4）。

3. 立体质地的材质

材料表面肌理用手触摸有较强的立体感或粗糙感。如砖毛石、麻板、机刨石等，此类材料称为立体质地的材质（图6-5）。

二、材质差异

1. 皮革材料

皮革是室内装饰中较为常用的一种材料，其色彩丰富，但大多为单色，且无纹理变化。皮革的表面附有一层皮膜，具有一定的反光效果，尤其是表现逆光效果时，其反光更应加强。此外，皮革制品的反光程度的表现根据其自身色彩明度的高低进行调整，一般明度越高其反光程度就相对越低（图6-4）。

2. 玻璃材料

常用的玻璃有镜面玻璃、透明磨砂玻璃和刻花玻璃、热融玻璃等各种工艺玻璃，除磨砂玻璃外，其他玻璃的反光性能都比较强,在表现有玻璃构成的图像时，一般先画内部结构，再画反射的光影。（图6-6）。

图6-5　立体质地的材质

图6-6　玻璃材料的表现

图6-7　金属材料表现

3. 金属材料

不锈钢、钛合金板、铜材、铝合金板等，有抛光和亚光质感，抛光金属具有很强的反射性能，可以清晰地反射环境中的物体，其明暗交界线颜色非常重，反光一般为环境色，并有亮度很强的高光点。亚光面的金属材料其反射光的能力比较弱，没有很亮的高光聚点，对环境色的反映不明显（图6-7）。

4. 木质材料

木质材料的区别主要是色彩和纹理，在漆工工艺上，显示木质本色效果的透明漆分为亮光漆和亚光漆，前者反光较强，后者没有明显的反光效果，绘制时，反光用笔要含蓄，应强调其固有色和明暗的过渡，纹理的刻画要注重整体效果（图6-8）。

5. 石质材料

常用的石材主要有大理石、花岗岩和毛石。大理石与花岗岩经过抛光都能达到较好的光洁度，大理石与花岗岩相比其密度小，硬度也低，在光亮度与耐磨损方面都比不上花岗岩。花岗岩因为耐磨性好、光亮度强、多用作地面材料。在绘制时要从整体效果出发,注重块线的勾画,毛石的特点是表面肌理较明显、反光度弱、有较强的体量感,绘制时可先用比其固有色深的颜色作底色,再用固有色提画毛石,最后用暗色画出砌块的毛石形体（图6-9、图6-10）。

图6-8　木质材料表现

图6-9　石材质地表现

图6-10　砖的表现

图6-11　织物表现

6. 织物材料

织物材料包括地毯、墙布、窗帘、布艺等。花色比较丰富，质感上有厚重或薄透之效果，表现时可根据具体环境的风格气氛加以渲染，以丰富和活跃环境气氛（图6-11）。

– 提示 –

手绘效果图的技法多种多样。一般而言，最终得到的图面效果是一致的；严谨、精致地用笔可以提高效果图的档次，彩色铅笔的塑造力很强。

思考练习题

1. 什么是质感？
2. 就表现效果图而言质感怎样分类？
3. 常用的质感材料有哪几种？
4. 进行不同质地材料的表现效果图练习，准确表现 出不同的材料和光感效果。

BATNEMO
CTEVPN

7

第七章

配景

配景虽然不是效果图表现的重点内容，但它们对于辅助调整画面效果、增强效果图的表现力与亲和力有不容忽视的作用。一个室内空间如果没有人物作为配景，画面就会缺少尺度和生气，同样一个建筑物没有蓝天、植物、水体、石头作为配景，整个画面就会显得苍白，因此很好地利用配景，可使表现效果图更加精彩和生动。

第一节　人物配景

人物与植物都是表现效果图配景的一部分，其主要作用是衬托主体物和营造氛围。

在表现效果图中，人物是比较重要的活体景观，它除了作为效果图的一个构图要素存在以外，还在一定程度上起到参考、烘托环境等作用。

一、人物配景及其表现

1. 协调构图

在实际的效果图绘制中，有时候会存在构图失衡或画面空洞的现象，这时候一组恰如其分的人物配景能够起到丰富空间的作用，同时合理的位置分配可以调整画面的均衡感，增强画面的稳定性。人物服饰色块也是构图的一部分，它能够对整体的色彩分布、明暗关系产生一定的影响（图7-1）。

2. 烘托气氛

每一幅表现图都是针对某一特定功能空间的一种设计表达，设计的全部内容及风格都是围绕特定的功能需要展开的，而富有变化的人物配景会使表现效果的功能感加强。不同的空间氛围要有不同方法表现的人群配合以烘托画面气势，不同年龄段、不同层次和不同装束特征的特殊人群同样会映射出不同的功能空间，可以通过人物的外部特征、人群活动的状况来体现空间的功能氛围（图7-2）。

图7-1　人物配景　王东辉

3. 衡量空间尺度

当我们目测一个空间尺度时，一般人都会寻找一个能够把握尺度的参照物，以此进行比对、估计，生活中我们对人的身高最为熟悉，因此设计师常把人作为表现效果图中的高度参照物。对于一幅效果图的虚拟空间来说，在效果图中出现一个人物，人们会很自然的去把空间的尺度来同人物的身高作比较，以确定其空间尺度。同时，如果人物与配景的安排之间具有一定的秩序感，那么就会形成因人物高度变化而产生的空间进深感，体现一定的远近关系。

人物配景运用得当会增强图面效果的表现力度，同样，如果表现不好也会破坏图面效果和氛围。

二、人物配景的注意事项

1. 合理组织

人物配景的组织比较讲究，这不仅要从整体构图均衡角度来看，同时应该考虑人物数量、动势、位置关系这些因素。一般情况下，在表现繁华空间的效果图中，可以用相对较多的人物配景，根据空间的具体

图7-2 人物活动状态烘托场景

图7-3 人物表观的表达

功能选择不同的人群，而在位置的安排上一定要注意视觉效果，不能让人产生歧义。例如，处于上下位置的人物要注意位置适当错开，不可以造成头脚相接的不美观现象，也不宜上下对齐，人物之间要保持错落有致的聚散关系。在不同功能的空间中，适合用不同动势的人物来渲染气氛，例如在一个安静的空间中，如果人物的动势强烈则会造成环境的不安定，产生与空间的冲突（图7-3）。

2. 合理配色

人物服饰色彩的选择，一方面要体现人物的特征，使之与环境的功能相匹配，另一方面要依据整体的画面色调。对人物年龄、个性的塑造除了要从形体的方面把握之外，当然更离不开服饰色彩的鲜亮程度和色调、款式，这些因素能够体现出人物与环境功能的匹配程度，但是不能过分地追求人物塑造，以免失去人物配景的意义（图7-4）。

3. 尺度准确

人物尺度的表达一定要比较准确，否则容易误导观赏者，产生对空间尺度

（a）

（b）

（c）

图7-4　合理配色

的错误判断，对人体自身尺度的把握要准确。人体的比例常以头高为基本参考单位进行控制，人的身高一般定为头高的7.5倍，在透视图中，为了美化画面效果，可以把人的比例进行适度的夸张，确定为头高的8倍，对于儿童和老年人的人体比例要进行适当的变化。

第二节　植物配景

植物同样是表现效果图配景的一个重要组成内容，它能给空间带来生气，使空间充满灵动之感、增添盎然生机，在构图方面可以对衬托主体、协调画面平衡等起到积极作用。

花草树木的种类繁多、各有特点，作为效果图配景的一部分，它的刻画不同于普通的绘画，需要进行一定的演绎变化，使之融入画面。表现效果图中的植物配景表现应该遵循一定的原则（图7-5）。

一、位置的巧妙安排

植物的安排首先要考虑构图的需要，通常要根据画面的透视情况，表现重点植物的位置。近景植物通常是安排在视点偏向的一边，这是因为植物的颜色一般比较鲜亮，容易吸引视线，可以缓解因画面中左右两部分表现内容体量的不同而产生的不均衡，形成视觉的观感协调和画面重量的平衡，使画面保持稳定。倘若把近景植物安排到表现范围大的一边，则势必会造成画面不稳定。而中、远景植物，尽管在处理上相对较弱，但还是具有一定的突出感，并要充分考虑其位置偏移对整个画面的平衡作用（图7-6）。

二、刻画精度的适度把握

表现效果图是技术与艺术的结合，它的绘制本身

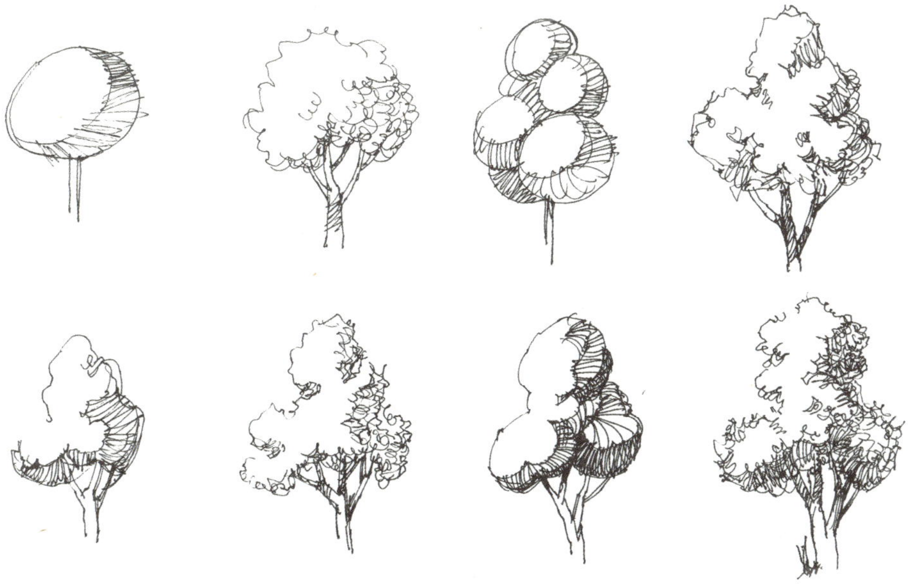

图7-5　树木表现效果图

图7-6　常见的植物枝叶表现效果图

需要一定的虚实表现，因而其配景的刻画同样需要进行一定的虚实变化，要有明确的精细刻画和粗略表现之分。同时，无论什么位置都要注意刻画得度的控制，配景是主体的衬托，它要融入环境，与环境浑然成为一体，不能使其孤立。

近景的植物刻画要惟妙惟肖、生动逼真。大到植物的枝干穿插，小到枝叶重叠都应该表现得淋漓尽致。近景植物尤其要注意不能画的死板，要体现一定的透气性，通过适当的透空渗透出其遮挡内容，更显得自然融洽。近景植物的形体选择要考虑空间设计要素的形体匹配，讲究错落有致和形状的变化。远景植物因其特殊的位置，只需简要刻画，枝叶不必过多的讲究，在表现上可以大胆概括（图7-7）。

三、色彩效果

植物配景的色彩渲染是空间添彩的一个重要方面，但其色彩要与环境相融合，不能过于孤立。色彩的渲染要讲究虚实变化，通过“实”体现植物的固有特点，而“虚”则可以与环境拉近，对绿色植物的表现不可以用单一的绿色，要进行适当的变化，不仅要注意枝叶不同层次的色彩组织，还要注意其色相的变化，形成自然过渡。远景植物更要弱化色彩的对比，以免过于突出破坏虚实关系（图7-8）。

图7-7　近景的植物

图7-8　植物色彩配景效果图

- 提示 -

效果图绘制技法很多、每种技法都可以独立成为一种风格，但是手绘效果图是徒手表现，难免会融入一些个人习惯，如连笔、带笔、断线等。初学者应克制自己避免在效果图中出现不良书写习惯。

思考练习题

1. 进行人物配景表现时，应注意哪些问题?
2. 植物配景在效果图中能够起到什么作用?
3. 植物配景的色彩渲染时怎样把握虚实?

白色洞石墙面
沙岩雕刻
水族箱
800X1200
黑金沙

灰麻理石
白镜
白麻理石台
TOTO便器

8

第八章

构图

在表现效果中，构图是指对所表现设计内容的各个组成部分在形式内容上的具体组织与安排，是调整各组成部分达到整体美感的具体表现，是“经营位置”的体现。构图在表现效果图中是非常重要的，决定着设计作品在视觉传达上给观赏者的直接印象。

在表现效果图的构图安排上应注重以下几个方面的问题，这些问题在绘制表现效果图时给画面带来的影响比较大。

第一节　视点位置的确定

人的眼睛在观察物体时，由于其观察位置的高低、左右方位不同，所得到的透视图形及表现范围也会不同。

视点方位的选择在一定程度上决定着一幅表现效果图的成败，技法运用再好，如果视点选择不当，也不能生动有效地展现设计的效果。

一、常规视高

室内表现效果图视点高度一般是以平常人的视觉经验确定，通常把这个高度定位1.6米左右，一方面是因为它符合大多数人的视觉规律，另一方面是因为通常情况下这个高度也可以较为全面完整地展现室内空间。

常规视高下的画面比较符合人们的视觉效果，在表现效果图实际绘制过程中常规视高运用得比较广泛（图8-1）。

二、变化视高

实际上，视点高度并不是绝对固定的，它要根据设计所表现的内容以及空间的实际高度进行合理的调整。在某些情况下，可以特意提高或降低视点，例如，当设计的天花界面为设计重点，或者是要侧重体现天花界面时，便可以适当降低视点，尽量全面展示天花造型和结构；反之，如果要侧重体现平面布局或地面敷设的内容与形式，则可以适当提高视点。而当空间的高度超过正常尺度时，也同样需要适当调整表现效果图的视点高度。无论视点高低如何调整，都必须保证画面的完整与稳定，并且要在视觉上体现出韵味和美感[图8-2（a）]，看起来要舒适、美观，切不可因为片面的突出强调某一局部而使画面视点出现失衡、变形及破坏整体效果的感觉。近几年业界流行扁平化透视，即将视点的高度定的较低，几乎看不到桌面，反映了当前人们对空间的审美倾向[图8-2（b）]。

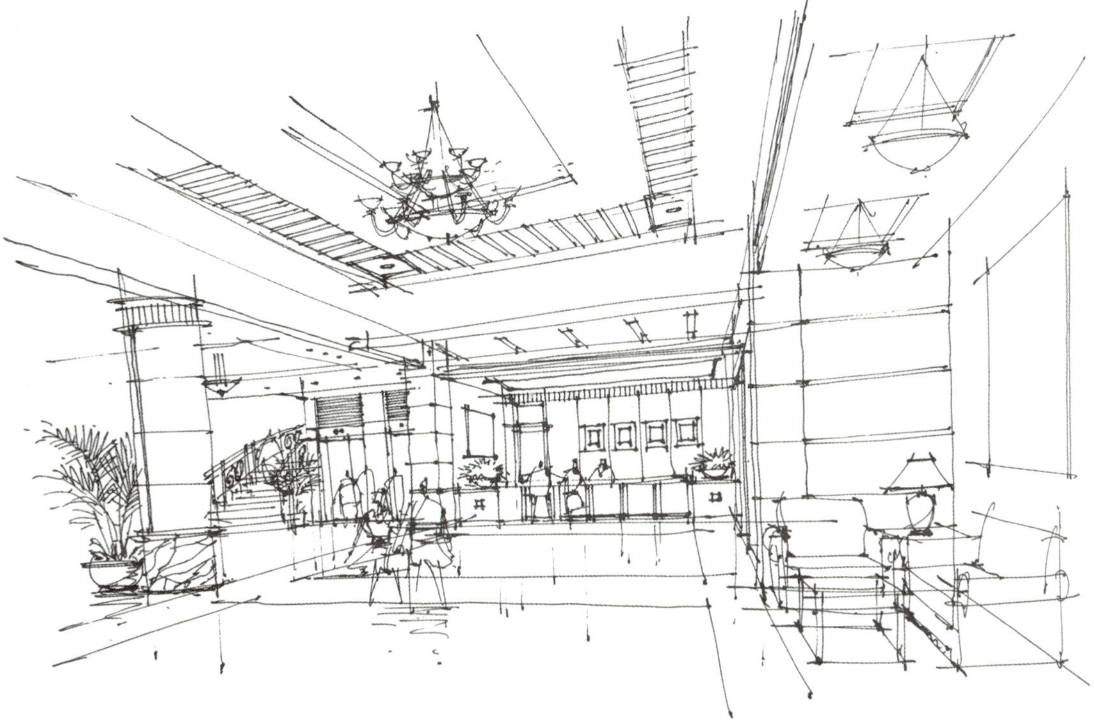

（a）

（b）

图8-1　常规视高

（a）

（b）

图8-2 变化视高

三、视高的表现美

在画面组织合理的情况下，视点的高低不但不会影响画面的整体表现效果，反而会形成不同的感觉，有助于氛围的体现。高视点的画法一般用于表现较大场景的群体规划鸟瞰图，其突出特点是令表现内容显得规模庞大。低视点，一般用于表现高耸的建筑物，使其显得雄伟、壮观、宏大（图8-3）。

四、视点偏移

视点在画面中位置的左右变化，首先从直观上来讲决定着表现内容的侧重。当视点偏向一个方向时，其相对方向内容所展现的体量会明显增加，因而，我们可以利用视点的偏移来确定构图表现重点区域。正因为视点会影响到表现内容的体量，所以会影响到构图的重量均衡。可以通过选择合适的透视方法、进行

（a）

（b）

图8-3 视高的表现美

图8-4　视点偏移

合理配景等方式，来求得均衡，保障画面构图的视觉审美，图8-4所示即是侧重于表现场景的左侧内容，右边几乎完全忽略了。

总的来说，视点的选择一定要把实际的空间条件、表现重点、整体效果进行综合考虑，使画面在符合审美的前提下各种因素及它们的协调关系都比较舒适、合理，充分地表达设计意图。

第二节　表现范围的选择

表现范围的选择包含两层意思，一是对设计的对象与环境确定范围，既确定其主要表现的内容；二是对所绘制的对象在画面中构图层次与网格的考虑，以确定其大小的位置和配景的组合关系。

一幅表现效果图所能够表现的空间范围是有限的，它不可能完全的展示室内外空间的各个界面、各个角落，从这方面来说，我们需要明确表现效果图的有效表现范围。另外，由于设计内容有主有次，各个区域部位、界面的设计力度不同，因而所表现的重点必须放在能够突出设计主体的范围中。表现范围的选择应有明确的针对性，要从最能体现设计主题、风格、材质运用、光源搭配和体现整个空间气氛的范围入手。

在画面布局上要特别注意两个方面，一是构图的层次，二是风格定位。在刻画力度的把握上，要注意近景、中景、远景三个层次有秩序地在选择范围内排列，如近景内容的设计表达不能充分满足选择范围的构图，可以配以植物或其他装饰来满足画面,并使构图饱满。构图还要最大限度地表现设计方案在选择范围内的审美性与合理性。

第三节　视觉中心的把握

视觉中心是指人视线的焦点，一般在画面的中心部位，是表现效果图中最精彩的位置和最突出的区域。视觉中心内容的刻画，不能为使其突出而过分的深入刻画，这样会使其显得孤立。中心内容是表现、刻画的重点，但视觉中心不是孤立存在的，必须和周边环境的各种因素形成有节奏的呼应关系，有关联、有节奏的自然过渡，使画面看上去有主有次，增加视觉上的美感。

构图要首先使画面取得平衡，在构思上应注意均齐与平衡的关系，不要使画面有偏向和偏重的失衡感，在面积、黑白、色彩、质感、笔触、笔韵等方面把握构图的平衡。构图必须能够充分地体现自己的意图和感受，强调对表现空间、表现物体及特点、气氛的营造，使构图既富有变化、又不失整体感；既有主次、有秩序感，又有对比和谐统一之感；既注意取舍、夸张，又注意局部与整体的关系。

– 提示 –

传统的环境效果图的主要表现对象是建筑，又称为建筑画。随着社会多元化发展，效果图也在向多门类方向发展。目前，常见的彩色透视效果图是指设计师将色彩填涂在透视图上，使设计物品无论从空间、尺度、质感、色彩都完整无误地表现于纸面上的绘制图法。

思考练习题

1. 视高的确定对整体的画面效果有什么影响?
2. 如何理解画面中的视觉中心？它在画面中的远近关系中处于什么位置?
3. 表现效果图在构图时应注意哪些方面?
4. 绘制一张室内透视图，注意视高合理、构图完整。

9

第九章

手绘表现效果图常用技法

表现效果图应是设计内容和表现形式完美结合的效果展示，运用不同特性的表现工具、材料和不同形式的表现技法，对不同性质、不同风格、不同功能、不同内容的设计进行表现，是学习表现效果图及其技法的主要内容。

表现效果图技法的表现形式有很多种，学习不同形式、不同材料的表现方法，了解和掌握不同风格的特点和技巧，得心应手地表达设计是我们学习绘制表现效果图及其技法的目的。由于审美观念和审美层次的不断提高和演变，表现工具也不断得到更新和补充，表现效果图的表达形式也不断丰富，虽然表现形式很多，但每种形式都有各自的主要表现方式和特点。下面主要介绍几种表现技法：铅笔技法、钢笔技法、针管笔技法、中性笔技法、彩色铅笔技法，还有马克笔技法、水彩色技法、透明水色技法、勾线淡彩技法、水粉色技法、喷绘技法以及根据需要将多种技法搭配使用的综合技法。

第一节　手绘表现效果图基本画法分类

一、单色类

1. 铅笔技法

铅笔以线条勾勒和明暗虚实的素描技法描绘物体。铅笔软硬、粗细不同，所表现出的效果也不相同。

2. 钢笔技法

钢笔是比较方便且极具表现力的绘画工具，由于钢笔笔尖的宽度不同，产生的效果也会有所不同，其线条的粗细可随意调节。

3. 针管笔技法

针管笔是绘画和制图常用的表现工具，具有素雅、恬静的感觉，线条绘制多借助于工具完成，常用来绘制画面中的透视线和严谨的结构节点，也有以速写方式进行效果图绘制的，针管笔缺点是易折断。

4. 中性笔技法

中性笔一般为一次性注水笔，分油性和水性两种。水性笔在使用时如与加水的颜料交叠时会发生墨迹的渗透，而油性笔不怕水，在大面积的渲染时不会跑墨。

二、彩色类

1. 彩色铅笔技法

彩色铅笔包含基本的颜色类别，使用方便并易于携带，但因颜色中含有蜡质，不宜调配混合使用。

2. 马克笔技法

马克笔的墨水不管是油性还是水性，都干的很快，可以采用叠加的方法绘制，既可平涂，又可多层叠加。

3. 水彩色技法

水彩颜料没有杂质、透明，加水后特别适合大面积渲染着色，但因颜料对纸的渗透力极强，不易修改（图9-1）。

4. 透明水色技法

透明水色层次丰富，适合大面积的渲染，技法主要有平涂法、退晕法、叠加法，着色时注意水分的把握，用笔要干脆、不拖泥带水。

5. 水粉色技法

水粉颜料可以厚画也可以薄画，用硬制的笔刷可以留下笔痕，涂色技法主要有平涂法、退晕法、笔触法等。

三、喷绘类

在对表现效果图大面积的过渡进行绘制时，使用喷笔喷绘可以很方便地做到。而在表现灯光和夜景时采用喷绘技法，也能取得很好的效果。在喷绘时一般采用水粉色或水彩色作为颜料。

四、综合类

实际应用中将多种技法相结合，是设计师画图中运用最广泛的方法。如先用中性笔勾线，再用马克笔上色，最后用彩铅进行色彩的过渡和衔接。在水彩写生中常用的勾线淡彩的方式，将淡雅的色彩与准确的钢笔墨线结合在一起，也属于综合类技法。

图9-1　水彩色类效果图

第二节　表现效果图常用表现技法介绍

- 补充要点 -

在使用水彩渲染表现时每画过一遍，一定等颜色完全干透后才可以画下一遍，否则画面会产生水迹或涂刷不均，使画面有脏的感觉，从而影响画面的整体效果。

一、水彩色表现技法

水彩色胶质少，透明度高，用水调和画于纸上有色彩淡雅、细腻透明的清爽感觉，用水彩色叠加的技法可以获得含蓄、滋润的色彩感受。颜色在画面上可以相互渗透，画面有水气、清丽的独特感觉，是塑造形体、表现结构和丰富画面的良好方法。水彩色技法是特有的能使画面酣畅淋漓、挥洒自如、清新爽快的绘画语言，具有其它表现形式无法达到的效果，水彩表现技法适合表现结构变化丰富的空间环境（图9-2）。

水彩色的渲染方法一般有平涂、叠加、退晕等。技法上讲究用水、用笔和用色以及三者的配合。水彩画画法出现失误后的修改比较困难。纸张选择尽量选用水彩纸，用纸也以越白越好，因为水彩色透明性较好，要靠纸的白底色来衬托，质地不白的纸容易产生灰暗的效果。大面积渲染可使用白云笔并多些蓄水，勾线可使用狼毫、叶筋、衣纹等小号笔（图9-3）。

● 水彩画基本绘图步骤：

（1）画出设计透视图底稿后，将底稿拷贝到正稿上。

（2）均匀涂上淡淡的底色，确定基本色调。

（3）渲染画面物体的基本色彩，不作细部刻画，对有光线和色彩变化的部分可用退晕来表现过渡。

（4）根据光源及物体色彩渲染明暗关系，根据远近关系表现虚实效果，由浅至深地表现，有些效果需要多次渲染，才可达到需要的层次和体感。

（5）深入刻画细部，完成个体形象塑造。

（6）调整整体画面，完成表现图。

图9-2　水彩色

图9-3　水彩的渲染

二、水粉色表现技法

水粉色是用水来调和粉质材料，是表现效果图最广泛应用的技法之一。水粉色表现力强，色彩感觉华丽、饱和，具有较强的覆盖力，色彩不透明，可以表现很细致的物象。表现上既有油画的厚重，又有水彩的流畅，画面效果清爽明快，适合多种空间的表现，塑造形体具有分量感，可以达到充分、逼真的物象感受（图9-4）。

由于水粉色是用白色来调整颜色的深浅程度，颜色在干、湿两种状态下会有一些差异，湿时由于粉质未能充分显示出来，颜色相对深一些，干后因粉质的凝固而使得颜色变得相对浅一些。水粉色的厚薄可根据画面和表现物体的具体情况而定，既可厚画也可薄涂。使用水粉颜料表现应注意不可调制得过稠或过稀，过稠带有一定的黏性，涂色时不容易把握笔的拖动，涂出来的颜色效果会显得干枯；而过稀则会使画面上的颜色不均匀。水粉渲染时应注意底色要尽可能涂薄，底色中不宜加白色，尽可能不把铅笔稿覆盖。其渲染步骤不像水彩渲染那样呆板，可以先画浅色，一般是从远到近的顺序进行渲染表现（图9-5）。

图9-4　水粉色效果图

三、喷绘表现技法

喷绘技法的表现效果图具有细腻、柔和、变化微妙、逼真的特点，喷绘技法有很强的表现力，具有其他手绘技法和表现形式无法取代的优点［图9-6（a）］。喷绘时一般用带有黏性透明的遮挡膜作为遮挡物，这种遮挡膜可以粘贴在画面上，将要喷绘的部分揭开，喷完后再进行遮挡，操作熟练之后，可以使用一般的纸张进行遮挡［图9-6（b）（c）］。

四、铅笔表现技法

用素描的形式表现室内外环境效果，也是一种比较常用的表现技法，铅笔的表现技法也就是素描技法（图9-7）。

铅笔在表现形体结构、明暗关系、虚实和质感方面有较强的表现力。用铅笔表现可以采用线或明暗两者结合的表现方法，对表现的点、线、面、体进行塑造，运用线的粗细长短节奏、黑白韵律等表现出铅笔

（a）

（b）

图9-5　水粉色渲染表现　李军

（a）

（b）

（c）

图9-6　喷绘表现效果图

的特点和情趣。

铅笔表现技法结合水彩使用效果比较特殊，可充分利用线条的变化塑造物体。铅笔表现不宜过多使用橡皮擦除，以防画面起毛（图9-8）。

图9-7　铅笔表现效果图　庄宇

图9-8　铅笔与水彩结合效果图

五、彩色铅笔表现技法

彩色铅笔是简单、快捷又容易掌握的一种绘制工具，彩色铅笔有两种，一种是普通的彩色铅笔，在色芯含有一定的蜡质，不易相互调配，只能层层叠加。另外还有一种水溶彩色铅笔，先用彩色铅笔画在画面上，再用清水可以使其润开。

彩色铅笔的使用技法与铅笔技法基本相同，都是用来对表现对象进行素描关系的描绘，不同的是在描绘的过程中增加了色彩效果的把握（图9-9）。

（a）许志军

六、勾线淡彩表现技法

勾线淡彩能够清晰地表现室内外设计和其它表现物的结构及特点，其效果给人以明快、干净、随意的感觉，这种表现技法可充分发挥线条和色彩的性格，适合于结构和形体复杂的空间环境的表现。绘制时先完成一张勾线墨稿，在此基础上再对画中的物体、光影、冷暖等进行塑造、表现。

勾线的工具可采用钢笔、针管笔等，现在多使用中性笔（签字笔），既可以采用单线的形式勾勒表现对象，也可以用明暗对比来表现对象或两者结合使用，用线应讲究粗、细、柔、挺和疏密关系。

（b）杨斌

图9-9　彩色铅笔表现效果图

勾线淡彩的颜色主要为水彩，用色要简捷、明快、肯定和有味道，同时应注意叠加、渲染的次数不宜太多，深颜色在使用时因不易修改需慎重。在绘制过程中可与其他工具结合，地面、天棚可结合喷绘，局部还可用马克笔加强对形体的塑造，用水粉色对画错的地方进行覆盖。

使用透明水色着色时，其画面最好保持干净整洁，因为用橡皮擦过的画纸在着色时会留有痕迹，着色后能看出明显的擦痕。另外调色时的水分也要把握好，过多的水分留于画面，会留有水印痕迹（图9-10）。

七、马克笔表现技法

马克笔具有方便、快捷，色彩丰富、均匀，不用调色，笔触清晰富有表现力的特点。马克笔有油性和水性两种，油性笔渗透力强，色彩饱和、鲜艳，可用甲苯稀释，水性笔色彩淡雅、柔和，容易与其他工具混合使用。

马克笔笔头分为圆头和扁头两种，扁头笔适合比较大面积的涂刷，圆头笔则适合画线和刻画细部。马克笔的颜色是透明的，表现时应该按从浅到深的步骤进行。在使用不同颜色的马克笔时，要等上次所画颜色干透之后才能叠加颜色，否则两种颜色的混合会显脏，但不同颜色之间不易重叠过多。

用马克笔绘制表现图，要选用表面较光滑的纸张，因为质地松软的纸吸收颜色的能力强，容易使画面灰暗，影响色彩的饱和度（图9-11）。

－ 提示 －

效果图与纯绘画的区别：

效果图{设计施工；简洁明快}　　纯绘画{意象表现；复杂多样}

（a） 仲志军

（b）

图9-10　勾线淡彩表现效果图

（a）　　　　　　　　　　（b）

图9-11　马克笔表现效果图　韦自立

八、色底纸表现技法

色底纸渲染表现技法一般选用有颜色的纸张做绘图基面，或用涂刷颜色做底色。底色的选择，可根据设计表现的需要取不同的颜色。这种表现技法的画面效果对比强烈，结构鲜明并富有个性（图9-12、图9-13）。

图9-12　色底纸表现效果图

图9-13　水粉　周长亮

思考练习题

1. 进行人物配景表现时，应注意哪些问题？
2. 植物配景在效果图中能够起到什么作用？
3. 了解掌握各种表现技法的特点。
4. 选择两到三种技法，进行综合技法训练。

10

第十章

手绘效果图实例

[实例一] 中性笔、水彩、马克笔综合技法

一、设计方案及效果表现

此设计方案为追求时尚的年轻夫妇的客厅设计，整体为亮白色色调。

吊顶采用轻钢龙骨作结构，表层贴石膏板，外刷大麦彩黄白色立邦乳胶漆，窗户一侧墙面的主要木做装饰为白榉木，影视墙用轻钢龙骨、密度板作结构，外贴石膏板做表层，地面为60平方厘米的高档象牙白大理石面砖，局部深色石材拼花点缀，地面中央部位铺设淡蓝色羊毛地毯，以突出空间的领域感，并配以电视、音响设备及造型时尚的布艺沙发、茶几，使整体空间更具有现代感。本设计全部采用环保材料，在设计理念上轻装饰、重空间，不对建筑本身作大的更改，体现了当代的简约特色。

二、作画材料与工具

作画材料与工具主要有：中性笔、马克笔、界尺、水彩色、水彩纸。

三、作画步骤

步骤1

用铅笔在水彩纸上起稿，注意透视一定要准确，并尽量少用橡皮擦拭，以免上色后出现脏迹，铅笔稿完成后再用针管笔描一遍（图10-1）。

图10-1 铅笔起稿 李军

步骤2

先用水彩调出顶棚所需的浅灰色，后用板刷有顺序地在画面上涂刷颜色（图10-2）。

步骤3

用中号尼龙笔配合界尺，铺画家具及装饰造型的固有色并分出大的明暗关系，同时把顶棚及墙面的明暗关系表现出来（图10-3）。

图10-2　水彩涂色　李军

图10-3　中号尼龙笔画出各种造型明暗关系　李军

步骤4

把握整体关系的同时，对画面的细部进行处理。先画出窗外远景，再画出窗框及窗帘的层次感，然后用彩色铅笔对沙发、靠垫、茶几、装饰画的细部进行刻画，最后画出窗外远处植物的明暗面，并加深地面的倒影（图10-4）。

步骤5

用水粉色勾画出顶棚的反光灯槽，并画出画面近处的植物。然后用中性笔勾出地面瓷砖的结构线，并用较深颜色的马克笔强调画面中物体的暗部关系，经整体调整后完成（图10-5）。

图10-4 细部及地面倒影处理 李军

图10-5 用水粉色勾画整体结构细部 李军

[实例二] 水粉、喷绘综合技法

一、设计方案及效果表现

此图为某宾馆大堂设计。形式上采用直线与曲线有机结合，刚柔并存，层次丰富。将大门入口处左边的一角设为休息区，并新做三级踏步地台，与二楼弧形突出部位形成呼应，使空间具有高低错落变化。

在材料使用上，顶部采用轻钢龙骨吊顶，白色乳胶漆饰面；入口处整个立面均用玻璃装饰柱身和墙面，装饰花台均采用乳白色铝塑板，深色铝塑板外饰服务台凹入面和花台底座、柱座及柱身装饰造型。整体空间呈现暖调，色调明朗，典雅大方，布局和装饰造型给人以广阔的空间感及时代感。

二、作画材料与工具

作画材料与工具主要有：喷笔、界尺、水粉笔、水粉色纸。

三、作画步骤

步骤1

用软铅笔在草稿图的背面涂色，再将轮廓拓印在画纸上，仔细谨慎地进行正稿的拷贝（图10-6）。

图10-6 铅笔画草图 姜立善

步骤2

用喷笔喷出画面的整体色调关系，注意暗部与受光部的层次变化（图10-7）。

图10-7　喷笔喷出画面　姜立善

步骤3

喷出柱子的深色部位及窗户对天空的蓝色，然后喷出红色沙发及内厅门饰造型的色彩和明暗变化，对地面投影与倒影变化进一步处理（图10-8）。

图10-8　喷细部　姜立善

步骤4

刻画物体的局部，使空间具有生动、真实的广阔感。先画柱身和花台的装饰块及服务台、二层外围的凹凸装饰造型，再画出楼梯扶手，大堂副理台与二楼扶栏及内厅门两侧的雕塑装饰，并把窗外的远景喷绘出来，喷出顶棚的反光灯槽及柱顶的亮部，最后把沙发和茶几进行细致喷绘，此画面的光线为自然光与室内光结合，这种表现形式较复杂，所以在表现方面要慎重，在对一些细部的处理上，可用马克笔进行细致刻画（图10-9）。

图10-9　画物体的局部　姜立善

步骤5

最后一步主要是添加画面中的人物和室内的绿色点缀，但要注意添加人物时要安排合理，无论室内、室外都要人景融为一体，再用亮色点出顶棚筒灯及室外灯光，最后在不破坏整体的情况下，对地面的投影及倒影作进一步处理，最后成为一个比较完整、舒适的公共空间（图10-10）。

图10-10　配人物、植物等整体环境　姜立善

[实例三] 中性笔、马克笔、彩色铅笔综合技法

一、设计方案及效果表现

此设计方案为国际知名品牌威斯汀酒店标准客房设计。天棚采用轻钢龙骨作结构，表层贴石膏板刷白色乳胶漆；影视墙为榉木贴面，以突出材料本身的自然美感，床头后的墙面为亮白色背板，并绘制装饰图案；地面满铺深褐色复合木地板，床下铺设紫灰色羊毛地毯，以划分和突出空间的领域感和植物花卉；并配以造型时尚的沙发、茶几、低柜、灯具，使整体空间更具有现代感和艺术氛围。空间整体为暖色调，为入住的宾客提供温馨舒适的气氛。

二、作画材料与工具

中性笔、马克笔、彩色铅笔和复印纸。

三、作画步骤

步骤1

用2B铅笔在复印纸上起稿，视点位置居中偏左，视高为层高的三分之一处。注意透视关系，绘制的线条简洁肯定，尽量少用橡皮擦拭，铅笔稿完成后再用中性笔描摹一遍（图10-11）。

图10-11　2B铅笔在复印纸上起稿　李军

步骤2

进一步完善空间关系、结构关系。用淡灰色绘制床的立面、用黄色绘制沙发及床罩，确立整个画面的色彩倾向（图10-12）。

图10-12 上色 李军

步骤3

使用褐色马克笔绘制地板及电视机一侧的墙面，上色时由浅到深逐步展开，同时应注意马克笔干后色彩会变浅（图10-13）。

图10-13 用褐色马克笔绘制地板及电视机一侧墙面 李军

步骤4

使用重色马克笔进一步确定画面的暗部及阴影位置。对天棚、墙面、电视、低柜、床的细部进行刻画，并加深地面的倒影反射，强调质感（图10-14）。

步骤5

用深颜色的马克笔强调画面中物体的暗部关系，用彩色铅笔描绘窗外风景、墙面、床、地毯的细部，并对不同色块之间进行过渡和衔接。在效果图的右下角添加植物以平衡画面构图（图10-15）。

调整各局部的关系，完成效果图的绘制。

图10-14　用重色马克笔涂饰　李军

－提示－

轮廓与填色的关系是先勾线、后着色，只有线条明确了，色彩才有施加的范围，如果在钢笔线条技法中使用水彩着色，颜料和水会覆盖最初的钢笔线条，显得灰暗。

图10-15 环境配饰 李军

思考练习题

1. 使用中性笔、马克笔、彩色铅笔综合技法绘制效果图时有哪些步骤？
2. 使用喷绘综合技法绘制效果图时有哪些步骤？
3. 按步骤临摹本章的效果图实例，学习和分析作图的规律。
4. 按实际步骤绘制家庭住宅室内效果图，包含客厅及卧室。

STAR BUCKS COFFE

French

第十一章

计算机辅助表现效果图

从20世纪末开始计算机技术已广泛地应用于建筑设计、影视新闻、动画制作、平面广告、出版印刷、网站制作等领域。使用计算机辅助绘制表现效果图，可使画面中的场景更加逼真、更接近于现实世界。

虚拟制造及仿真技术是基于计算机应用的一种新的先进制造技术，通过电视中载人飞船“神六”的模拟演示图，可以清楚地了解“神六”在宇宙空间中运行的轨迹，同样三维制作技术帮助瑞士建筑师赫尔佐格和德梅隆的“鸟巢”设计方案，在北京2008年奥运会主场馆设计竞标中脱颖而出，并在开工前由专家评判它在结构、材料、环保上的可行性，并加以改进和完善。计算机表现效果图，除了传统手绘设计无法比拟的真实性，还具备准确性、科学性，因此备受设计师们的欢迎。

目前主要使用3DS MAX等三维软件制作表现效果图，三维软件集建模、赋予材质、动画设计、影片制作于一体，通过改变视角、视距、视野及景深，造成三维空间位置和形状的改变，增强可视性，绘制的效果图透视精确、材质逼真，并可一次生成平面、立面、轴测、鸟瞰图等多套图纸。

第一节　应用软件介绍

一、3DS MAX　建模

3DS MAX三维软件广泛应用于建筑、室内外环境设计领域。进入三维动画软件3DS MAX界面，如同进入了一个计算机模拟出的三维空间，就像在真实的世界一样，物体在空间中有确切的位置。例如建一座银行，就要在虚拟的三维空间按真实的尺寸把营业厅的各个部件建造出来，并把这些部件按真实的构造要求安排在这个虚拟的三维空间位置上，并赋予真实的材质，根据室内外光源的要求打上灯光，最后设立一台虚拟的摄像机，通过这台摄像机得到这个营业厅任意角度和景深的表现效果图。

二、Varey　渲染

VRay是一款较小，但功能却十分强大的渲染器插件，运行速度快捷、渲染效果精良。随着VRay的不断升级和完善，在效果图制作中不断证实了自己强大的品质和魅力。目前已取代Lightscape，成为室内外效果图制作中应用最广泛的渲染器。

三、Photoshop　后期处理

Photoshop软件是全球主流的应用最广泛的图形图像设计和处理软件。具有图像编辑、通道、图层、路径综合运用、照片修复、特效滤镜等强大功能，常用来对表现效果图进行材质贴图制作、色调调节、人物与植物配景等后期处理。

第二节　计算机表现效果图实例（别墅建筑外观）

一、全局建模（3DS MAX）

（1）进入3DS MAX三维软件操作系统。

（2）在TOP视图中，创建一个【长度】（Length）值为25000、【宽度】（Width）值为20000、【高度】（Height）值为-240的方体，作为“地面”造型。因为它在制作过程中不受限制，所以作为室外的环境我们尽量把它做的大一些，以便后期环境的处理，如图11-1所示。

（3）首先来做建筑主体的模型，在Front视图中创建一个【长度】（Length）值为9000、【宽度】（Width）值为6000的rectangle1。

（4）在rectangle1里面再建一个【长度】（Length）值为2300、【宽度】（Width）值为900的rectangle2用移动复制的方式，按住shift键。将该rectangle2复制三个，如图11-2所示。

（5）选择rectangle1在修改命令面板里单击“Edit spling”，在Geometry栏下单击Attach　　multe，出现Attach muitipie对话框，在下面单击“All”，结果如图11-3所示。

（6）然后单击Attach连接所选择物体，选择【拉伸】（Extrude）命令，将拉伸【数量】（Amount）设置为　240做为正面墙面的造型。

（7）在left视图中，创建一个【长度】（Length）为9000、【宽度】（Width）值为7000的rectangle5。再建一个【长度】（Length）值为2300、【宽度】（Width）值为900的rectangle6用移动复制的方式，按住shift键。将该rectangle6复制六个其位置，如图11-4所示。

（8）用同样的方法制作阳台墙面，其中外边的rectangle【长度】（Length）值为6800、【宽度】（Width）值为1800.窗户和上面的小rectangle一样大小，如图11-5所示。

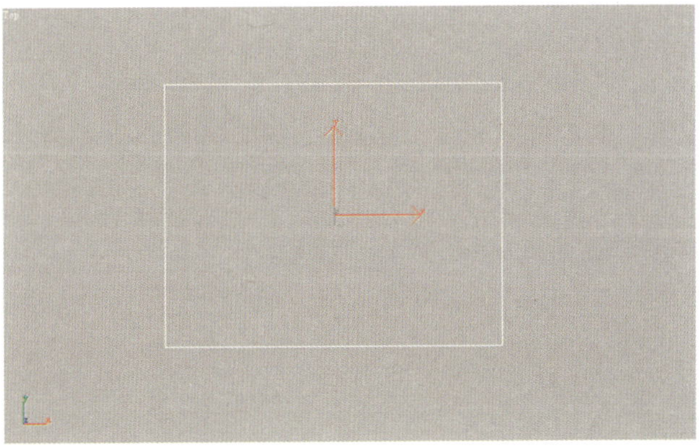

图11-1　创建地面

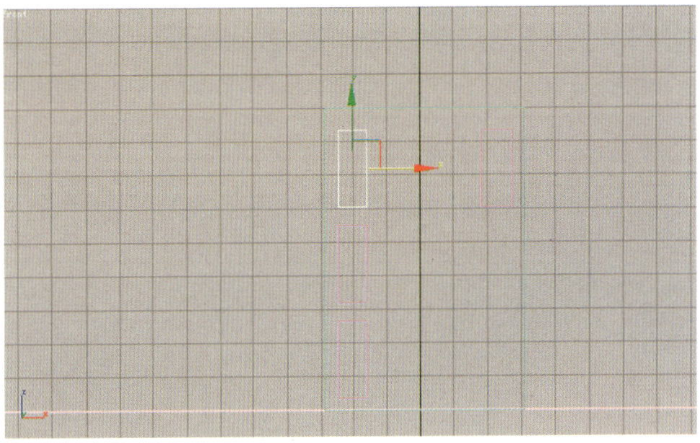

图11-2　创建立方体

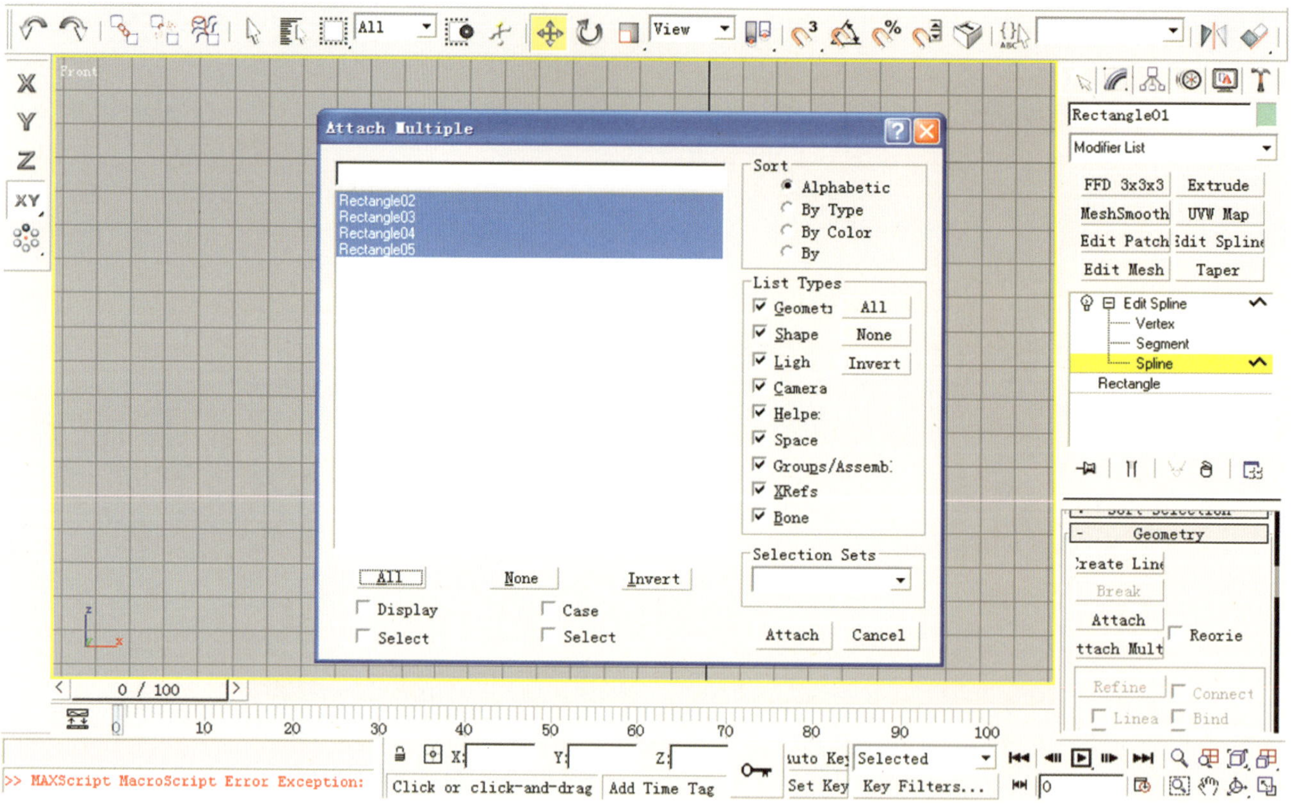

图11-3　执行命令Attach命令

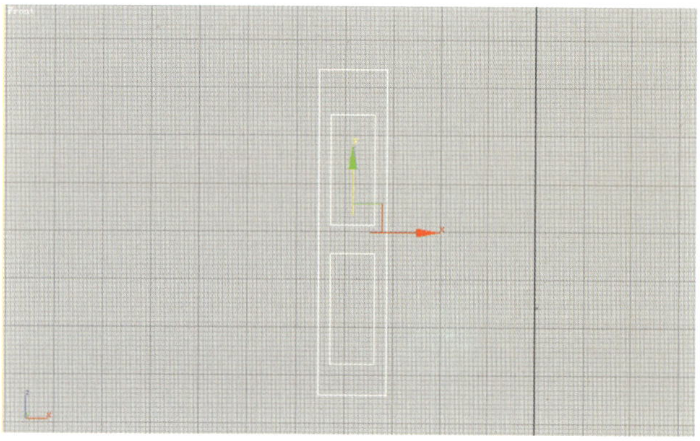

图11-4　执行复制命令

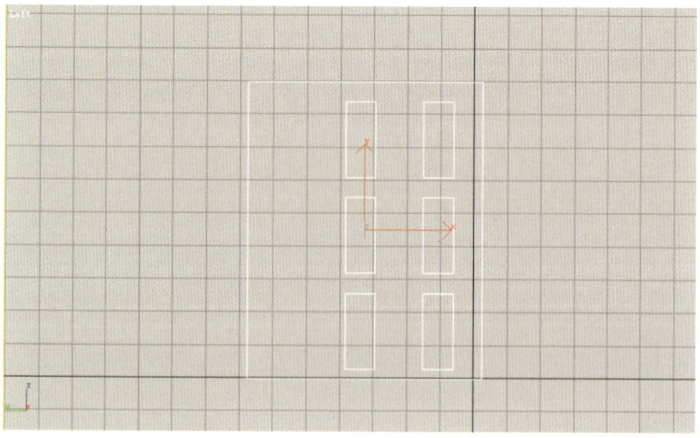

图11-5　创建阳台

（9）再用上面的方法把它拉伸为一个面，拉伸【数量】（Amount）设置为 120。然后再复制两个，用旋转和移动将位置调至图11-6位置。

（10）在Front视图中，用同样的方法做出阳台一层的门框，其外框值分别是：Length：2600、Width：1500，如图11-7所示。

（11）在TOP视图中，创建一个【长度】（Length）值为7000、【宽度】（Width）值为6300、【高度】（Height）值为1200的方体，作为“女儿墙”造型。用对齐命令把它与墙体对齐其位置，如图11-8所示。

（12）别墅的主体墙面完成后，需要做窗户和玻璃，用rectangle来做外框【长度】（Length）值为2300、【宽度】（Width）值为900。完成后移动到墙体窗户的位置。再根据窗户的数量进行复制然后用“对齐”命令把窗户放在合适的位置。

（13）创建一个【长度】（Length）值为10、【宽度】（Width）值为900、【高度】（Height）值为2300的方体，名称为玻璃。使用快捷键“M”选择一个

图11-6　执行复制命令

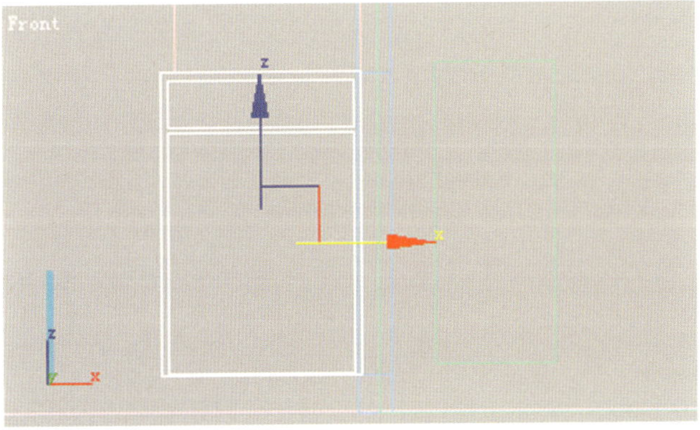

图11-7　创建门框

材质球先调为一种颜色，起名为“玻璃”把它赋予给刚才我们做的玻璃上。另外再选三个材质球分别用不同的颜色，名称分别为“墙体”“窗框”和“女儿墙”。

（14）在顶视图建一个【长度】(Length）值为300、【宽度】(Width）值为1800、【高度】(Height）值为3900的方体“阳台”。在地面上与阳台对齐，把刚才选用的窗户材质一起赋予它。在侧视图里把它向上移动300，按住Shift移动关联复制三个，每个中间位置为300。在left和Front视图用【线】(Line）工具绘制一条直线做栏杆，如图11-9所示。

（15）下面建立一些辅助建筑的模型，我们先在顶视图建一个圆形半径为3500，先复制一个选择【拉伸】(Extrude）命令，将拉伸（Amount）设置为300做为圆形大厅的范围。

（16）继续用方形拉伸的方法作前面的墙，大方形和小方形【长度】(Length）值、【宽度】(Width）值分别为3800、5000、2400、2200。

（17）当整个别墅模型完成后，再调整摄像机位置并渲染效果图，如图11-10所示。

二、质贴图与调整

1. 砖墙材质的设置

（1）选择“墙体”材质球，用材质球选择看墙体部分是否还有遗漏，将该材质的高光色设置为纯白色，高光曲线的设置如图11-11所示。

（2）在Diffuse Coior通道贴上如图11-12所示的

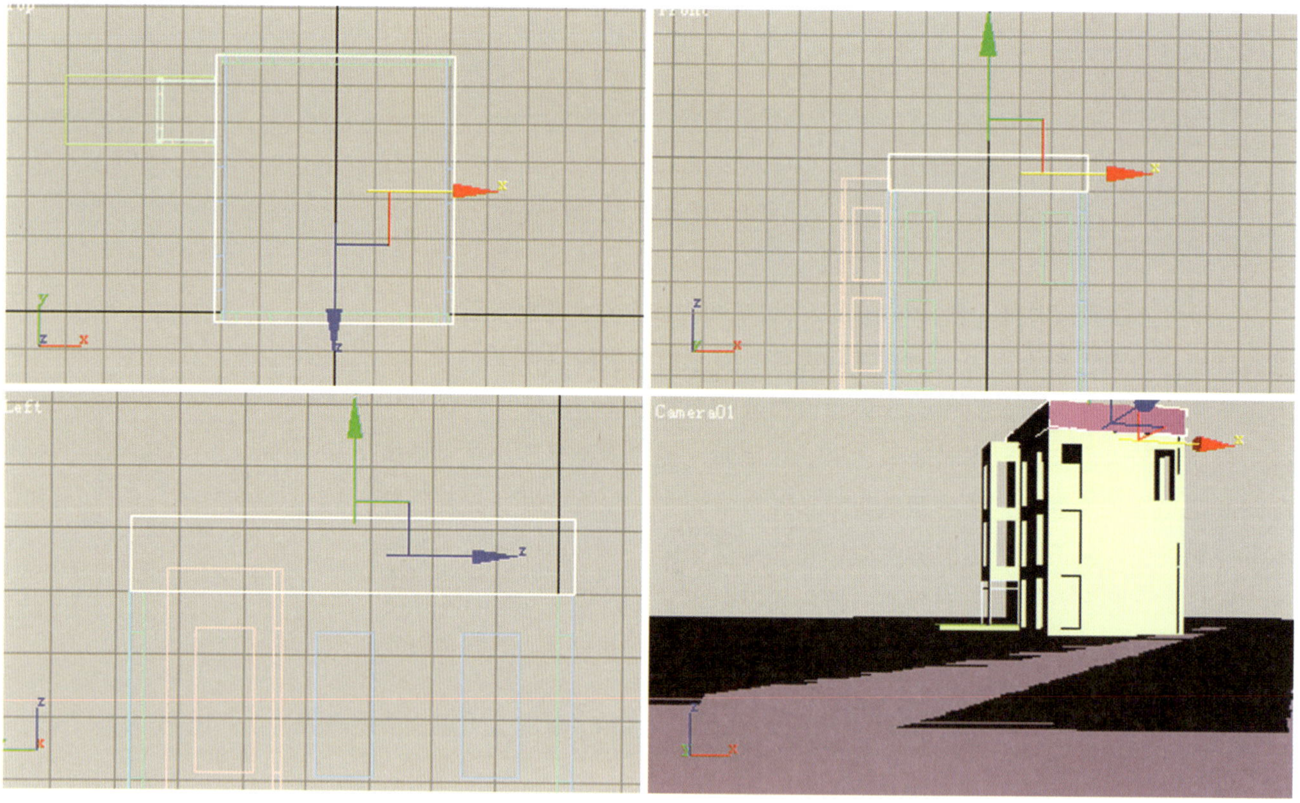

图11-8　执行对齐命令

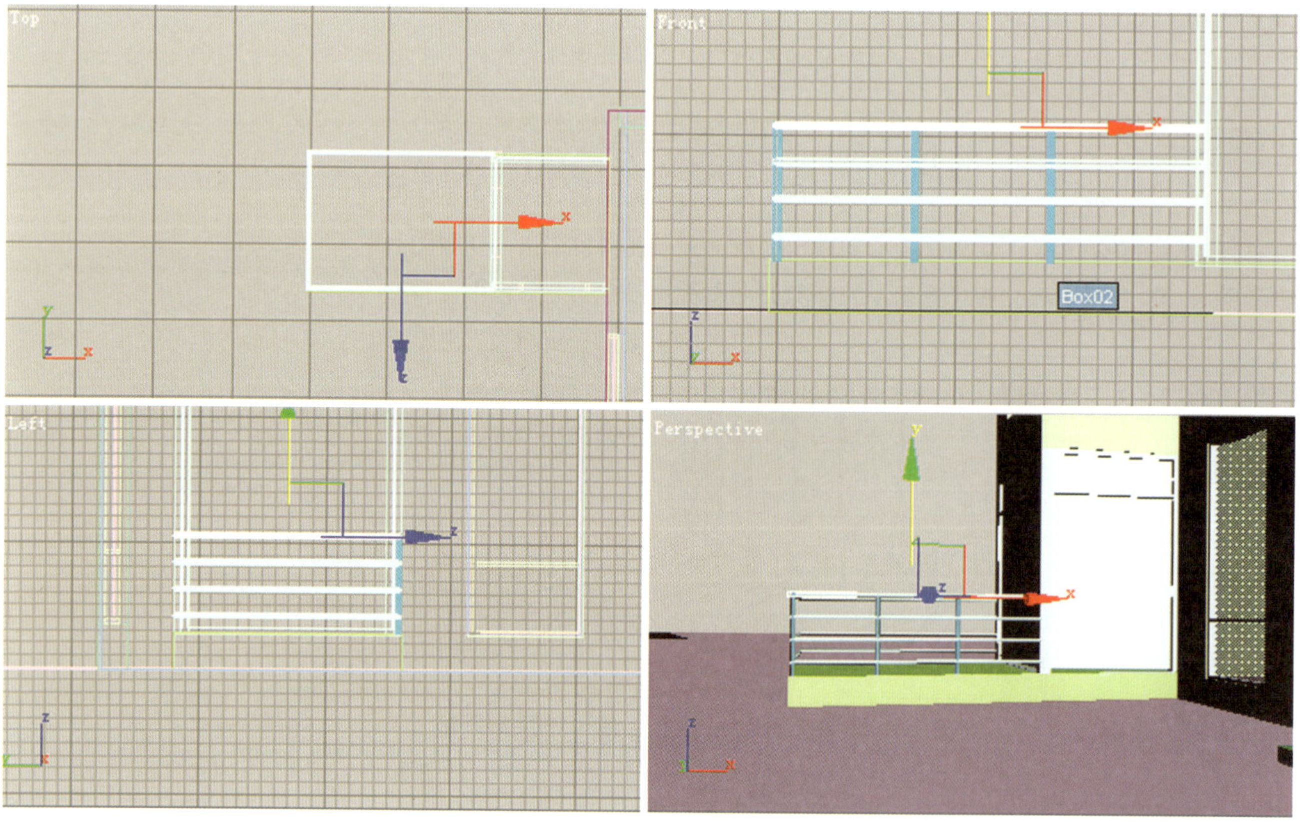

图11-9　创建栏杆

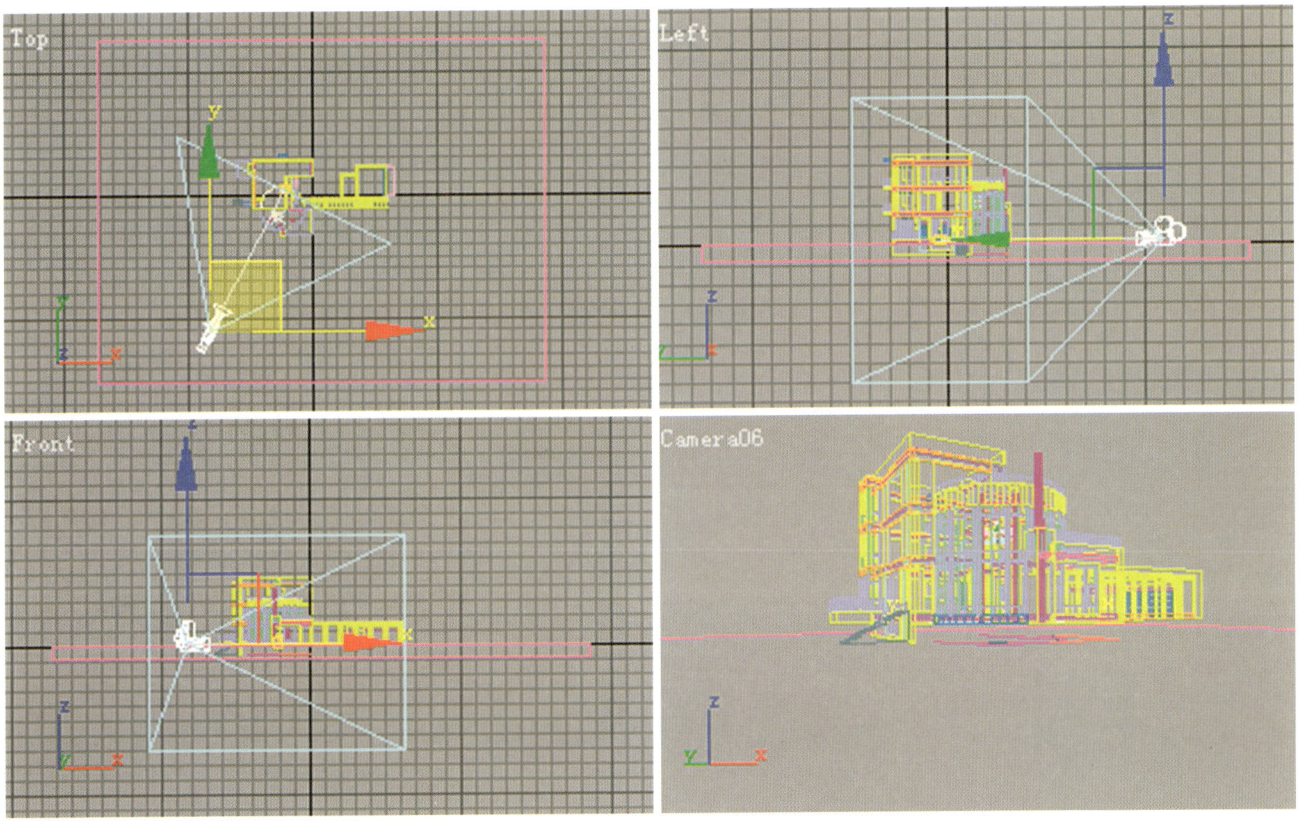

图11-10 设置摄像机

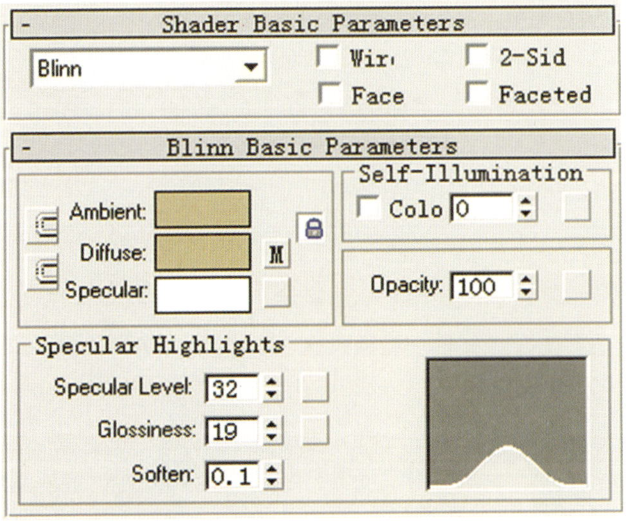

图11-11 设置材质参数

图11-12 设置贴图参数

贴图。

（3）打开Modify命令面板，为场景对象加一个UVW Mapping修改器，在Parameter中使用Box，并将Length、width、height分别设置为1200。

（4）在材质编制器里将贴图重复值设置为0.25和0.45，使材质与真实的材质大小一样，如图11-13所示。

（5）由于要模仿的材质是砖墙，因此需要在材质编辑器中的Bump通道上添加一个同样的贴图以增加质感。将Bump的值设置为-20，这时的Maps卷展栏如图11-14所示。

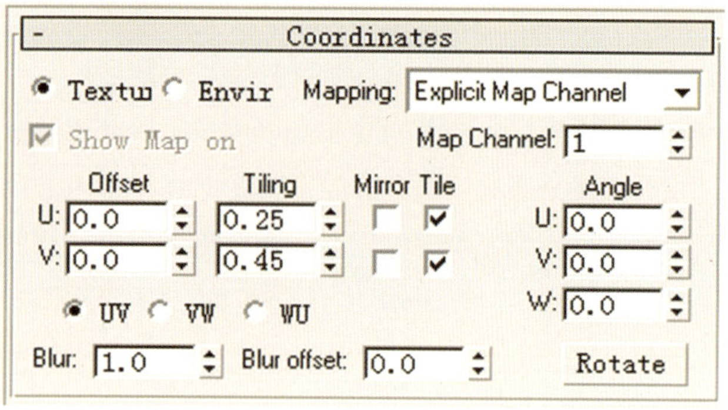

图11-13　调整贴图参数

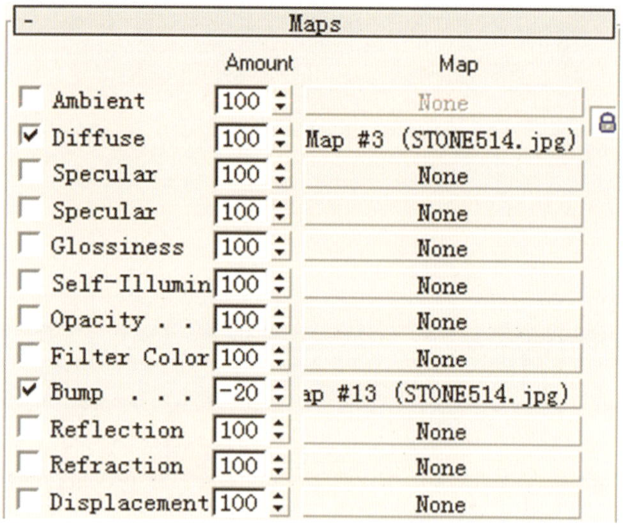

图11-14　设置凹凸贴图参数

2. 窗框的材质

选择窗框和圆形玻璃外栏杆，这个材质使用的是finalRender材质类型，将Diffuse颜色设置为亮白色。适当调整高光曲线见图11-15。

3. 玻璃的材质

（1）选择材质球，使用Blinn材质。将Diffuse颜色设置为亮蓝色。适当调整高光曲线，不透明度Opacity调整为40。

（2）在Diffuse Coior通道贴上一张如图11-16所示的贴图。

（3）材质编辑器中的self-Illumin通道上添加一个同样的贴图以增加质感。在Reflection通道上使用Reflect/Reflect的贴图，将反射值调到25左右，卷展栏见图11-17。

4. 铝板材质

（1）选择“圆形基础和顶部”“阳台墙体”材质球，将该材质的高光色设置为纯白色，高光曲线设置如图11-18所示。

（2）在Diffuse Coior通道贴上一张如图11-19所示的贴图。

（3）打开Modify命令面板，为场景对象加一个UVW Mapping修改器，在Paramete，中使用Box，并将Length、width、height分别设置为2400，如图11-20所示。

（4）材质设置完成后，再对摄像机进行适当调整，渲染效果如图11-21所示。

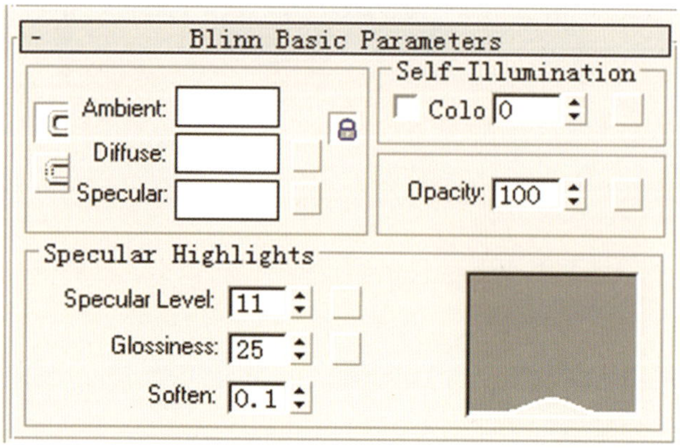

图11-15　设置材质参数

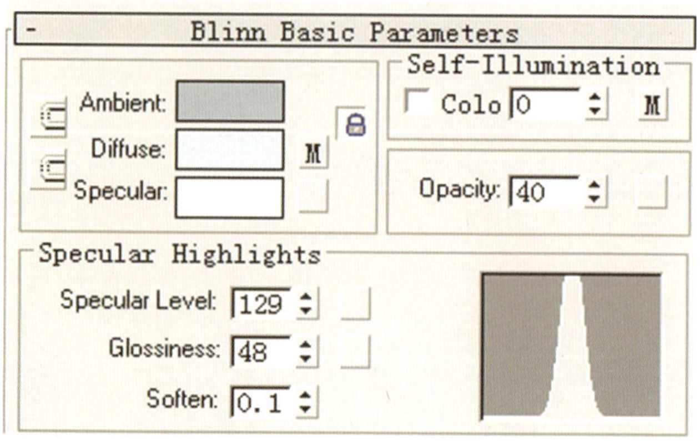

图11-16　设置贴图参数

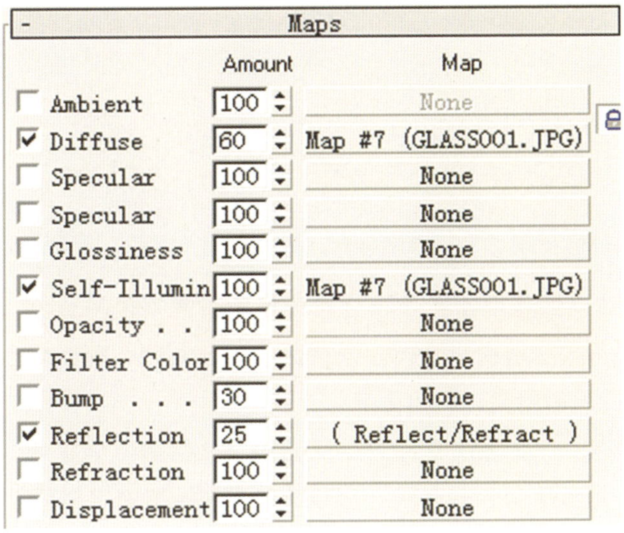

图11-17 设置反光、反射参数

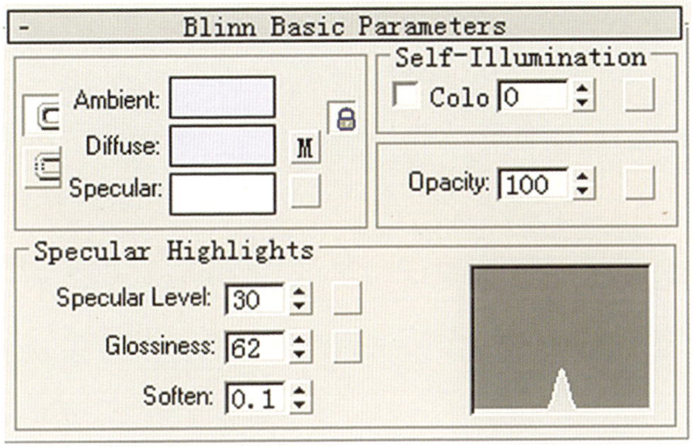

图11-18 设置高光参数

图11-19 贴图素材

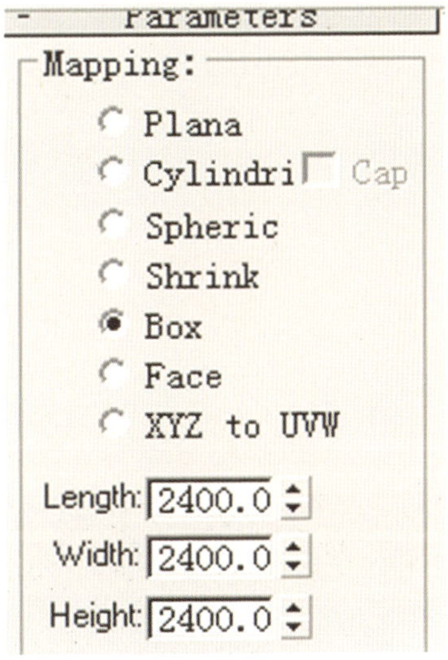

图11-20 设置贴图轴方式

图11-21 效果图渲染

三、灯光设置

（1）首先在别墅的正面和侧面分别设置泛光灯Omni1、Omni2位置如图11-22，正面灯光Multip值设置为0.35，颜色为微黄色，侧面灯光Multip值设置为0.5，颜色为白色，如图11-23所示。

（2）在Left别墅的底下设置一盏泛光灯Omni3，Multip值设置为0.4，颜色为白色。

（3）设置两盏聚光灯，Spot01值设置为1.2，在并设置上投影，颜色为微黄色。Spot02值设置为0.6，颜色为淡紫色。

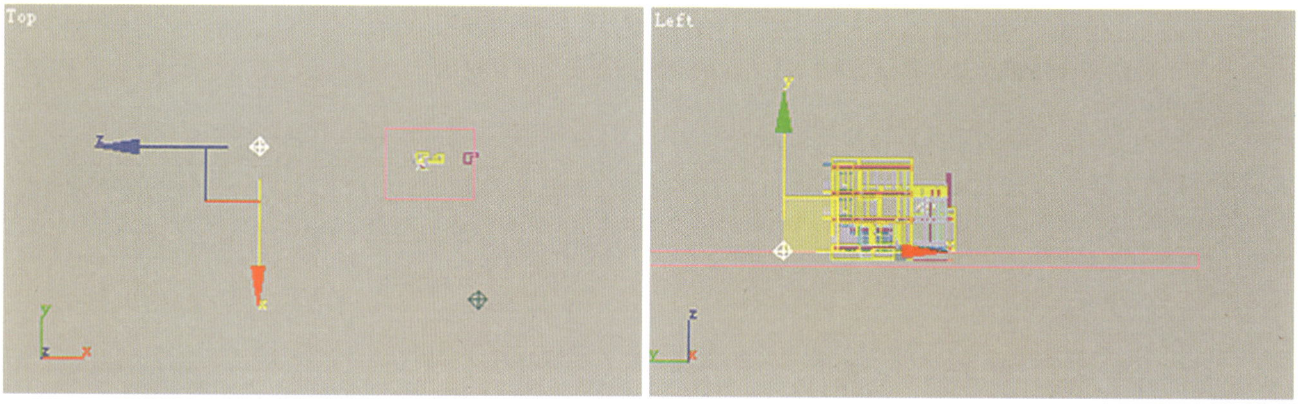

图11-22　设置泛光灯

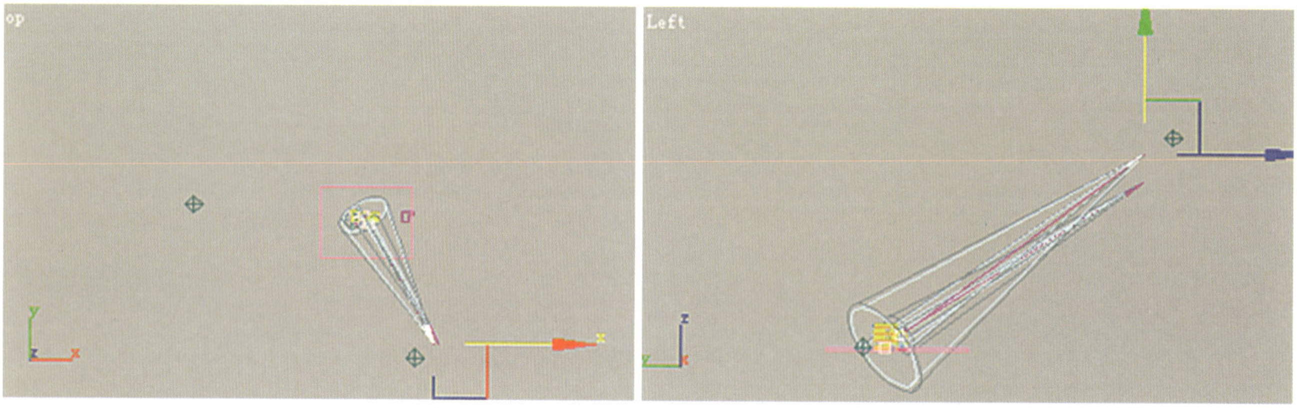

图11-23　调整泛光灯参数

图11-24　效果图渲染

图11-25　纯色材质效果图渲染

（4）灯光设置完成后，其渲染效果如图11-24所示并保存为TGA格式。

（5）然后把灯光都删除，所有材质使用纯色材质代替，然后把自发光值调为100。渲染并保存为TGA格式，如图11-25所示。

四、后期处理（Photoshop）

（1）把渲染好的两张TGA图在Photoshop里打开，并让它们完全重合在一起。

（2）用磁性选择工具，载入Alpha1选择反选并删除选择部分，将选择好天空图片，导入图层1下面，使用自由变换命令将天空调整合适，如图11-26所示。

（3）选择背景图层。用磁性选择工具将地面选择出来，在图层1里将选区删除，再根据需要在材质库里面选择合适的路面，并导入一块草坪放在房子的前面，如图11-27所示。

（4）根据环境的需要，在场景中继续添加需要的元素，如树、花、草等，最后效果如图11-28所示。

– 提示 –

打印与手绘相结合。由于复印纸可以经过打印机，对油墨和炭粉有很好的吸附力，可使用计算机制图经打印机输出后再徒手着色，这种方法主要用于CAD绘制的方案和施工图，徒手着色能提升画面效果，并提高工作效率。

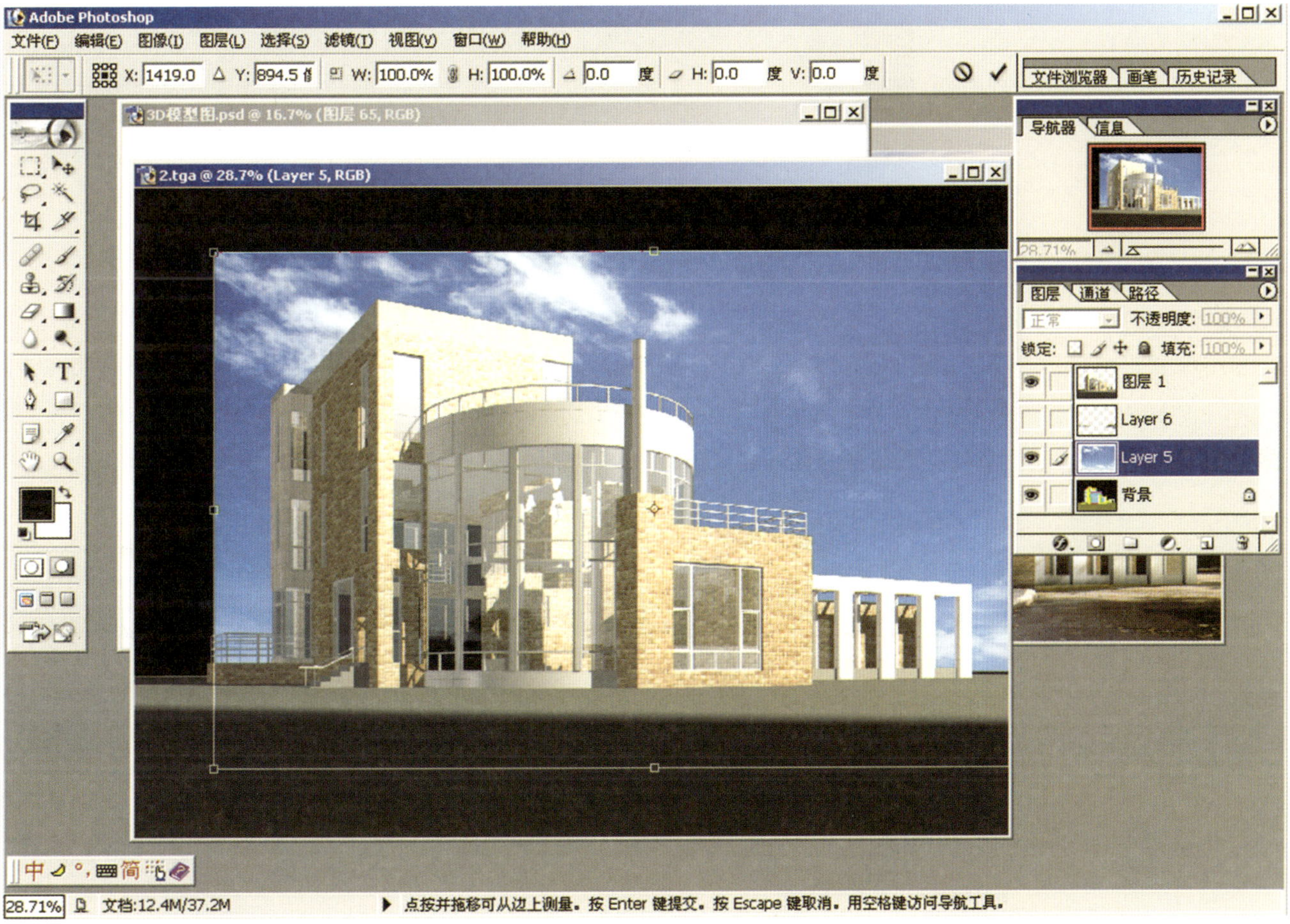

图11-26　拖入天空素材

图11-27　拖入路面、草坪素材

图11-28　效果图后期处理终稿